艺术品收藏与鉴赏丛书

翡翠

收藏与鉴赏

——美玉上的中国文化

王哲民 著

中国书店

图书在版编目（CIP）数据

翡翠收藏与鉴赏：美玉上的中国文化 /王哲民著. –北京：
中国书店, 2013.6
ISBN 978-7-5149-0796-4

Ⅰ.①翡… Ⅱ.①王… Ⅲ.①翡翠－收藏－
中国－②翡翠－鉴赏－中国－Ⅳ.
①G894②TS933.21

中国版本图书馆CIP数据核字(2013)第105425号

翡翠收藏与鉴赏——美玉上的中国文化

王哲民 著
责任编辑：杭玫

出版发行：中国书店
地　　址：北京市西城区琉璃厂东街115号
邮　　编：100050
印　　刷：联城印刷(北京)有限公司
开　　本：787mm × 1092mm　1 / 16
版　　次：2013年6月第1版　2015年4月第2次印刷
字　　数：80千字
印　　张：12.5
书　　号：ISBN 978-7-5149-0796-4
定　　价：78. 00元

序一

中华民族是一个崇尚玉的民族，中国是世界上唯一有玉文化的国家。我国玉文化有8000多年的历史，自古以来，人们视玉为吉祥如意、辟邪祛病、转运赐福之物，也是人品与身份的象征。许慎在《说文解字》中说："玉，石之美者，有五德。润泽以温，仁之方也；䚡理自外，可以知中，义之方也；其声舒扬，尃以远闻，智之方也；不桡而折，勇之方也；锐廉而不技，洁之方也。"

《漯河日报》原总编辑王哲民先生自幼识得翡翠、喜欢翡翠，在工作之余收藏翡翠、研究翡翠。《漯河日报》晚报版创刊时，为了丰富版面，吸引读者，他在晚报上开设《玉文化知识讲座》专栏，前前后后写了30多篇相关文章，另在《大河报》等报刊发表"翡翠藏鉴"方面的文章数十篇。近日，他应出版社之约，写出《翡翠收藏与鉴赏——美玉上的中国文化》书稿，嘱我作序，我自知才疏学浅，实难担当。他是我的前任和兄长，出于对他的敬仰，我不得不拿起笔来。

读过很多翡翠方面的书籍，这样的书还是第一次见到。我拿到书稿，一气读完，丝毫不觉得累，这是因为它图文并茂，故事性很强，涉猎的知识非常丰富。

本书主要有三部分组成，一部分为翡翠知识介绍，这部分翡翠知识介绍非常有特点，作者结合自己的实践，深入浅出地介绍翡翠知识，共有十五讲；一部分介绍收藏翡翠的故事以及翡翠上的中国文化；还有一部分是翡翠实物图片点说。翡翠知识部分从翡翠概说到翡翠价值，从翡翠质量到翡翠标准，从翡翠鉴别到翡翠工艺技法，从翡翠传统器形到现代常见的雕件娓娓道来。真可谓一书拿在手，知识心中留。

本书精华部分60篇，大多是讲述作者所藏或所经手之物。一件件翡翠在作者眼中，都是蕴藏着传统文化、传承着中华文明的宝物。从夏商周时代的神话传说到各个时代的历史故事，从鱼龙互变到苍龙教子，从三阳开泰到丹凤朝阳，从道教“刘海戏金蟾”到佛教“勇猛丈夫观自在”，从人间活佛济公到少林高僧达摩老祖，从福禄寿三星高照到寿、富、康宁、攸好德、考终命五福临门，让人们在欣赏美玉的同时，增长知识，陶冶情操，提高素质。

我读完书稿之后最大的感受，就是买翡翠有章可循、有例可参、有据可依。书中对一件件翡翠藏品，从专业角度比较全面地分析其种水、玉质、色彩、雕工和文化内涵，客观地评价其市场与投资价值，为刚入门者指出路径，为收藏者提供借鉴，具有很强的实用性。

介绍翡翠的书很多，此书独辟蹊径；研究翡翠的人很多，作者别具一格。

甘德建

2012年12月3日

序二 玉润肖望

入冬的郑州婉婉约约飘起了2012年的第一场雪。我站在郑东新区一隅的窗前独自谛听雪花从干净的枝条间飞扬的声音，这是一场崭新的足以能让人怀有抱琴访友或是踏雪寻梅冲动感的雪。我正要关闭电脑准备出发应新雪之邀的时候，接到了漯河收藏家王哲民老师发给我的《翡翠收藏与鉴赏——美玉上的中国文化》电子邮件。在这场入冬的清雪里，意外接到一份对美玉深情倾诉的文稿，在精神层面上让我足不出户就能享受到了抱琴访友和踏雪寻梅的意境……

其实，人的一生注定要被一种事物照亮，而王哲民的气质、性情与潜质也注定被温润的美玉所皴染……

哲民老师笔名肖望，我与他仅有过三次谋面。我们既不属于心领神会的忘年之交，又非拷问人生的莫逆之结，既非高山流水式的知音，更谈不上有过红颜知己的缱绻。并且，哲民老师在我文学的成长过程中还有过擦肩而过的遗憾。多年后，他在一位作家那里读到我的诗集，当下慨叹自己当初的失察之误，错过了对一棵树苗的呵护与关爱。而后与哲民老师见面时他常因此调侃：正是当初他高瞻远瞩的善意婉拒，才成就了一个作家和诗人。岁月有时就像山涧溪流，常常因林木和岩石的遮蔽看不到起承转合的流动，只要心理气候和精神朝向一致，终究会在一定的流动区域或时间的节点上不期而遇。恰如我与哲民老师在二十多年后因玉石家族中最典雅的翡翠而成为了朋友一样……

1986年的一天，我怀揣着稚嫩的文学梦想怯生生地走进了漯河人民广播电台负责人王哲民的办公室。那时，他正值风华正茂的时令，是一个意气风发的有志之士。他简洁干净的桌案上整齐地堆放着许多除新闻之外的书籍，其中有很多让人肃然起敬的哲学、宗教和唐诗宋词之类的书籍，再加上他一派学者风范和精英气质，我突然感到自己在他面前有着史无前例的卑微和弱小。我像烟岚一样不安，那些我在偏僻县城写的乳臭未干的文字攥在手里像蒸汽一样轻薄，好像一拿出来就会飘走一样。就这样，梦的瑰丽昙花还没有一现就在他面前成了了无痕迹的落英。也许他不能在千头万绪的快节奏工作中慢下来审视一下一个羞涩的爱好文学的青年，或者我的造访一开始就是以梦的形式出现的。他每次调侃的语气背后都隐藏着歉疚或自责的暗示，让人感到他是一位非常善良的智者。风顺水顺的时候，啜饮一下曾经的磨难对我来说莫不是一种殷殷的警示。

时光正像哗哗奔逝的流水，二十多年后我应漯河书法家于建华先生的邀请到他的“不歌楼”赏一年一度开放得像潮水般声势浩大的葛藤花时，芬芳的葛藤树成为了我与王哲民老师第二次邂逅的节点……

二十多年的寒来暑往好像在他身上没留下过硬的痕迹，他依然有着富有弹性的智慧语速和高迈的气韵，目光荡漾着世事洞明而又直爽、幸福的光亮。所不同的是，在第一次感觉上增添几许凝重、深邃与内敛。我无法知道他在我未知的时间里人生的事业有没有跌宕起伏的过程，更不了解他在人海茫茫中相遇或生发过刻骨铭心的爱情，是否有过时间之伤？灵魂之痛？只感到眼前的他是一个与时间一起成长、永远不会因人生到达了某种特定的驿站而精神与体力掉队的那种人。我把目光投向芳菲四溢的葛藤花，心里却在好奇地阅读着久违的哲民老师。

我爱用意象来描摹人，一时脑海没搜索到一个恰当的词汇帮助我去深层地解读他。他却意外让我想起一位诗人的一句名言：“一个人抓住了一件他喜欢做的事情，他就认定自己是一个快乐的人。”想起这句诗的当下，感到哲民老师给我一种木构建筑之感，是那种有着一如大宋风格的没有任何雕饰的木构建筑，在穿越岁月的风霜后仍保持着与生俱来的磅礴、大雅与自信。我一边漫不经心地品茶，一边寻找哲民老师身上这种脱尽铅华后，看不到一点颓废情绪仍自信从容的缘由。在饮茶赏花中，我不经意间看到了哲民老师手中把玩儿着的绿得像返春的小蓉叶子、绿得好像随时会被春风摇曳带走那样的翡翠手把件。也正是这个让我怦然心动的寓意“君子有节”的翡翠把件，使我生出了二十年后对哲民老师全新的判断。果然，他有着抓住他心的事物……

我由建华夫妇陪同，一起来到了哲民老师在一座公寓内的工作室。正值春日艳阳的上午，原本采光极好的房间里，又被满屋摆放和陈设的传统老式家具镀了一层瑰丽。满屋散发着木质与时光摩擦的馨香，让人顿生穿越时空之感。我又像一个不知天高地厚的造访者，在观赏了各类木质艺术品后，急不可待地要看哲民老师的翡翠收藏。也许收藏家都有一种包容心，或许哲民老师心中留有一段失之交臂的助人梗结在心，他满腔热忱地把他收藏的宝贝，毫不吝啬地悉数摆在我们面前。那些翡翠摆件、挂件等以梅、兰、竹、菊或瑞兽的形式美轮美奂、错落有致地呈现在我们面前，每件犹如春天剥开的豌豆那样鲜亮。特别是那些戴在腕间如月光般的翡翠手镯，有翠绿的、嫩绿的、紫罗兰的、多色相间的，个个透亮、清澈、烂漫，散发着多维的气息。我几乎是被惊艳得欢呼雀跃起来，他把收藏的翡翠作品的色泽、质地、寓意和来由像对一个老朋友一样娓娓道来。他收藏的翡翠作品和有关收藏的动人故事正像五月的阳光一样温暖得直逼心灵，并唤起了我对玉石由来已久的仰慕与共鸣，顿觉在这物质声浪喧嚣的城市，一切都在翡翠的光芒下安静起来，连同我浮躁的血液都在沿着每一个不同寓意不同题材的翡翠作品不断幻化成一种对人生的感悟。“玉石”是一个具有东方意味的意象，它暗示着人们对东方文化精神的某种延续，比如它可以把个人的感受瞬间提升为一种情怀，可以给精神生命返青的能量，给人以思想澄明和丰沛的神韵等。而哲民老师正是被玉照亮情愫和思想的人。难怪哲民老师给我一种木质建筑的那种敞亮气质，这种气质非常适宜有着春天旖旎般的翡翠在此熠熠生辉。也难怪他当初不曾慢下来审视一个怀揣梦想的文学青年，因为他具有一眼就能看透玉质优劣的智慧眼光，那时，他可能就识得我的文字还没有在生活中磨成珠玑……

和翡翠一起缠绵是一件多么奢侈的事啊！

第三次和哲民老师见面是在今年月光皎洁的中秋佳节，他约上海学林出版社的褚大为先生、书法家于建华先生和我一起谒拜了长眠在沙澧河畔小商桥的民族英雄杨再兴。在去谒拜杨再兴的107国道上严重拥堵，哲民老师像使了魔法，驾驶着他那辆黑色轿车在乌泱泱的车流里左右逢源，像一匹黑骏马旋风一样来到了离漯河二十公里的小商桥。在人文历史面前，哲民老师给大家讲解了那段浴血奋战的英勇经典往事和许多不可或缺的历史信息。从他讲解中我们仿佛听到了杨家枪在战马嘶鸣间迸溅出的铿锵之声。我想，身为一个老新闻工作者也许来凭吊英雄的机会有很多，可哲民老师在看与杨再兴有关的图片和遗物时，总是神似凝滞，俯下身来认真细致地观看，就像是一个初访者一样好奇地勘验着未知的文化符号。这可能就是一个收藏家长期培养出来的良好态度。

如果一定要给王哲民老师收藏翡翠或深爱翡翠找个理由的

话，除了他有着与翡翠与生俱来的缘分或情结外，就是他源于对生命本真的渴望和追求纯洁世界的一种神往。而这都不能涵盖哲民老师这份倾心的情怀，我理解他是在用翡翠的芳菲和温婉赶赴一次或弥补一次与春天的邀约！

不知道这样的结论是否契合俯下一生的忠诚去爱玉的王哲民老师的心灵弦索，可我像相信玉有着高洁的品质一样相信他“嘈嘈切切、大珠小珠落玉盘”的《翡翠收藏与鉴赏——美玉上的中国文化》这本书，会给天下爱玉的人从审美上、情感上诠释翡翠的妙趣。

吴小妮

2012年12月

翡翠知识篇……1

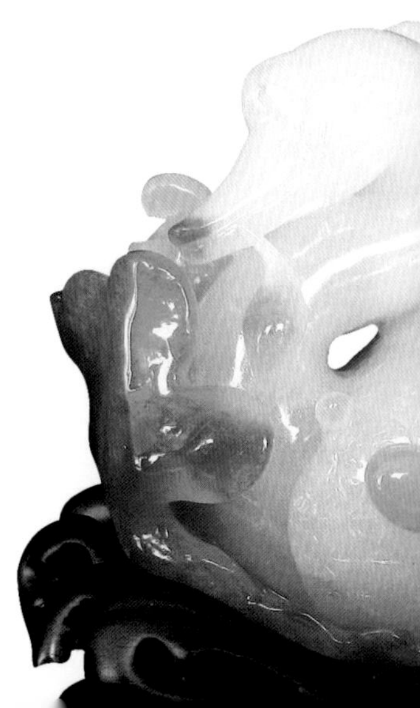

翡翠知识篇

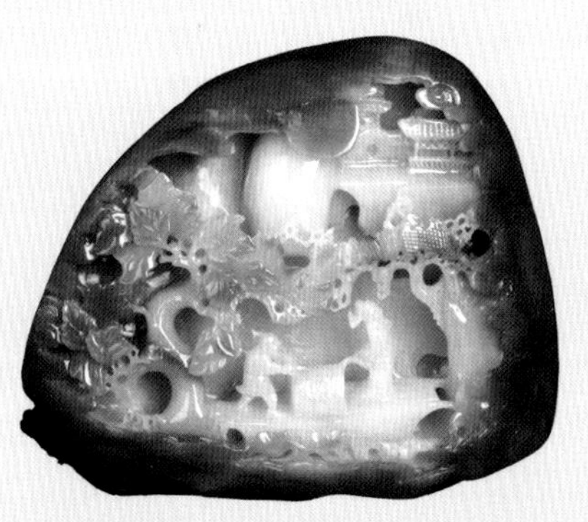

一、翡翠概说

翡翠一词，源自中国古代的一种鸟。雄鸟羽毛红艳，称为翡鸟；雌鸟羽毛碧绿，称为翠鸟。许慎在《说文》中解释："翡，赤羽雀；翠，青羽雀也。"唐代诗人陈子昂在《感遇》一诗中写到："翡翠巢南海，雌雄珠树林，……旖旎光首饰，葳蕤烂锦衾。"除了被作为鸟名广泛使用外，翡翠一词更多的时候被作为鲜艳颜色的代名词。到了清代，翡翠鸟的羽毛被作为饰品进入了宫廷，嫔妃们将其插在头上作为发饰，用羽毛贴镶拼嵌作为首饰，所以其制成的饰品名称都带有翠字，如钿翠、珠翠等等。这时颜色无比美丽且与翡翠鸟羽毛很相似的缅甸玉进入中国，人们就称这些来自缅甸的玉为翡翠。这一名称渐渐流传开来，由此翡翠也由鸟名转为玉石的名称了。

翡翠是以硬玉为主的有多种矿物组分的集合体，其主要组分矿物是硬玉，次要矿物有钠铬辉石、透闪石、透辉石、霓石、霓辉石、钠长石等。它的颜色丰富多彩，千变万化。化学成分为钠铝硅酸盐，单斜晶系，结构多为粒状或纤维状集合体，硬度为摩氏 6.7–7 级，密度

K 金钻镶红翡弥勒佛吊坠

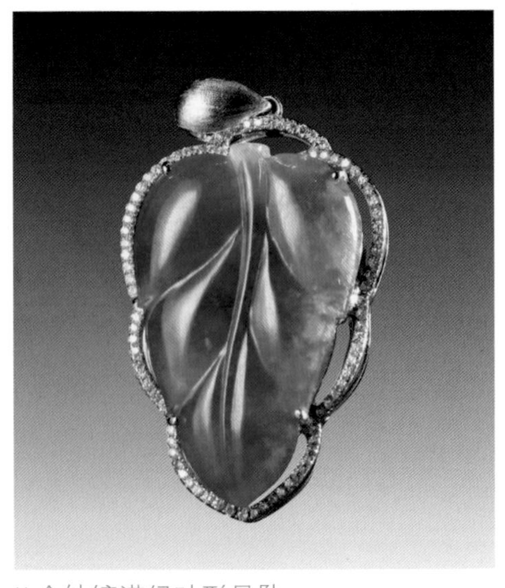

K 金钻镶满绿叶形吊坠

为每立方厘米 3.25–3.40 克，折射率为 1.65–1.67。翡翠具有玻璃光泽，质地坚韧，其光泽、透明度和色彩优于软玉。

与和田玉、独山玉、岫岩玉等玉石相比较，翡翠在肉眼或镜下观察，有三个明显特征：

一是具有“翠性”。无论是翡翠成品还是翡翠原料，只要在其表面上认真观察（结构粗的翡翠用肉眼或放大镜观察，结构细的必须在显微镜下观察），可见到构成翡翠的硬玉晶粒的外形特征。在宝石学中，翡翠的结构称为交织结构，这是因为组成翡翠的矿物呈柱状或略具拉长的柱粒桩，近乎交织排列。具体来说，在一块翡翠上可见到两种形态和排列方式不同的硬玉晶体：一种稍大，呈粒状（斑晶）；另一种是在斑晶周围交织在一起的纤维状晶体。而整块翡翠就是

和田碧玉手串

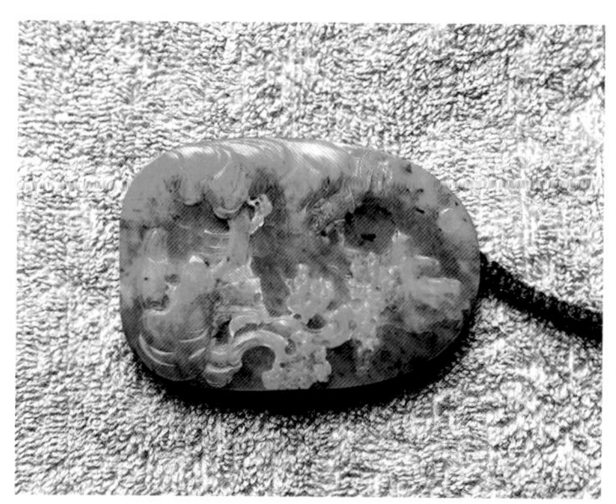
独山玉雕件

岫岩玉白菜摆件

由无数这些小晶体所组成的集合体，其结构不如和田玉细腻致密、均一。翡翠的结构有粗有细，一般情况下，可见到在其表面或内部的大小不同的纤维状、粒状晶体，这些晶体在光照下（自然光或灯光）呈小雪片般的闪光，这种闪光的特征就是“翠性”。“翠性”为翡翠所特有，也是翡翠与其他貌似翡翠的绿色玉石及翡翠伪造品的区别之一。例如，软玉具有极细的毡状纤维结构，其纤维甚至放大50倍也看不清楚，而在同样倍数的镜下，可以很清楚地看到翡翠晶体解理面的片状闪光。翡翠中晶体的粗细决定着翠性的大小：晶粒大则质地粗糙，翠性大；晶粒小则质地细腻，翠性小。翠性也有不同的名称，大的称“雪片”，小一点的叫“苍蝇翅”，最小的称作“沙星”。另外，中低档的翡翠除具有“翠性”外，还常见到由纤维状晶体紧密堆在一起的透明度较差的白色、淡黄色或浅灰色斑块，这就是行家所说的“石花”。

二是颜色不匀。大多数翡翠玉件或原料的颜色不均匀，在白色、藕粉色、油青色、豆绿色的底子上分布着浓淡不同的绿色、褐红色、黑色等颜色。而岫玉、软玉等玉石颜色则较为均匀一致。当然也有颜色一致的翡翠，但数量不多。

三是光泽明亮。翡翠成品一般具有玻璃光泽、亚玻璃光泽，而软玉、岫玉等则具有蜡状、脂状光泽，也就是说，翡翠光泽明亮、灵透，强于其他玉石。

根据以上三个特征，可凭肉眼将翡翠及与其相似的软玉、蛇纹石玉、石英岩玉等区别开来，另外，折光率高、密度大也是翡翠的特点。翡翠放在手上压手，在三溴甲烷中迅速下沉，而软玉等均在其中悬浮或漂浮。翡翠的硬度高于其他软玉，可以用刻画法鉴别。

由于翡翠独特的审美价值，清代以后翡翠业迅速兴旺起来。尤其在清末，翡翠受到慈禧的特别喜爱，其身价陡然上升。据史料记载，曾有一外国人向慈禧献上一颗大钻石，她不接受，反而欢迎送给她小件翡翠的人。在慈禧的殉葬品中，有翡翠西瓜2个，绿皮红瓤，黑籽白筋，价值白银500万两；翡翠甜瓜4个，形象逼真，价值白银600万两；翡翠荷叶1件，叶上布满绿筋，价值白银285万两；翡翠白菜2棵，生动逼真令人叫绝：菜心上有两只满绿的蝈蝈，绿叶旁有两只黄色的马蜂，价值白银1000万两。另外还有许多别的翡翠制品。1928年慈禧墓东陵被军阀孙殿英所盗，其中一大批翡翠珍宝流到国外。从这些史料和史实可以看出，清末时，翡翠在中国玉文化史及玉贸易中的地位已超过了白玉和其他玉石。

二、翡翠的价值

从一个人佩戴的饰品可以看出其品位和身份。细腻、晶莹、温润的翡翠具有典雅、雍容、华贵的气质，与东方人的肤色、气质相衬显得极为和谐。无论是与得体的中式服装、现代职业装还是华贵的晚装搭配，都能将人高贵、典雅的气质彰显得淋漓尽致。当年，96 岁的宋美玲应邀出席美国国会纪念第二次世界大战结束 50 周年酒会时，手戴一只满绿翡翠手镯、翡翠马鞍戒指，胸戴一串满绿翡翠珠链，耳侧是一对翡翠耳环，完美地表现了东方女性典雅高贵的气质，格外引人注目。翡翠饰品款式美丽典雅，十分符合中国传统文化的特质，是古典灵韵的象征，在巧妙别致之间给人一种难忘的美，是一种来自文化深处的柔和气息。有人说："翡翠之美，在于晶莹剔透中的灵秀，在于满目翠绿中的生机，在于水波浩淼中的润泽，在于洁净无瑕中的纯美，在于含蓄内敛中的气质，在于品德操行中的风骨。美自天然，脱胎精工，灵韵俱在，万事和谐。"

满色正阳绿连升三级福豆翡翠挂件 郑州昊瀚玉器提供

冰种满色苹果绿翡翠挂件 郑州昊瀚玉器提供

今天，人们在解决了衣食住行等基本生活需求之后，消费观念和投资理财方式也在逐渐发生改变。比如，改革开放以后，越来越多的人开始购买和佩带

高冰种满色阳绿 K 金钻镶项链 漯河子刚玉器提供

各种首饰，先是黄金，再是白金，继而钻石，现在有品位、有经济实力的人开始追随翡翠了；过去人们手里有了余钱一般都是存进银行，而现在投资的方式和渠道有很多，收藏即是其中一种。一方面，珠宝钻翠已成为现代人财富、能力和风度的象征；另一方面，贵重宝玉石的投资价值也正越来越受到重视。

那么，翡翠是否具有投资价值呢？回答是肯定的。翡翠具有很高的投资价值，但能够较快升值的必须是纯天然的色、种、水等条件俱佳的中高档翡翠。判断哪种宝玉石升值率高不高，主要从它的稀有性、可观赏性、适用性和经久耐用性四个方面去考虑。第一，翡翠是玉中之王，十分稀有；第二，翡翠具有非常好的可观赏性，其精神、气韵、色彩是任何其他玉石无可比拟的；第三，翡翠具有极大的适用性，可做成各种饰品，适合于不同性别、年龄、职业、社会文化层次的人士佩戴；第四，翡翠具有耐久性，其矿物结构致密、化学物理性质稳定，越是年代久远，越显现出其优良本色。

由于翡翠只产于缅甸北部密支那一带，成矿的复杂性、产量的不确定性造成了翡翠比钻石更加珍稀，更具收藏价值。据权威资料统计：从 20 世纪 70 年代初到 90 年代初的 20 年里，钻石的价格涨了 3 倍，蓝宝石涨了 5 倍，而高档翡翠的价格上涨了 20 多倍。2006 年到 2007 年，国内高档翡翠价格几乎涨了一倍。自从翡翠走向世界、参与世界贵重珠宝贸易以来，价格直线上升，在所有贵重的珠宝玉石中，只有高档翡翠从未受到过世界经济萧条的影响。目前翡翠的价格仍在看涨，主要是资源越来越少而需求越来越大所致。

三、翡翠与健康

不少经营翡翠的商家在向顾客介绍翡翠饰品时常说：戴玉有益于身体健康，而多数消费者则对此了解不多。佩带玉饰品真的对人的健康有好处吗?

首先应该肯定，戴玉确实对健康有益。这是有客观根据的。明代伟大的医学家李时珍在《本草纲目》中记载，玉石具有“除中热、接烦闷、润心肺、助声喉、滋毛发、养五肺、疏血脉、明耳目”等功效。在独具特色、博大精深的传统医学中就有许多属于宝玉石的矿物入药，如辰砂（鸡血石）、绿松石、琥珀、阳起石等等。经千百年的实践证明，某些宝玉石中含有对人体有益的微量元素，如锌、镁、铁、硒、铬、锰、钴、铜等。经常佩戴宝玉石饰品，可以使这些微量元素通过人体的皮肤、穴位进入人体，经由经络及血液循环而遍布全身，在一定程度上起到了平衡生理机能、保健延年的作用，但这是一个长期而缓慢的过程。根据玉石的特性和中医的养生理论，人们早已开发出了保健用品——玉枕。玉枕在与人体接触时会产生静电和磁场，使人体头部、颈部的穴位在休息和睡眠中得到柔和的按摩。临床证明，长期使用玉枕能改善人体的免疫系统，对神经衰弱、美尼尔氏综合征、颈椎病及头痛都有一定疗效，对脑梗塞、脑部疾病后遗症也有一定的辅助治疗作用。古代的权贵曾使用玉器按摩健身，就是现代的人们，

冰种满色艳绿如意挂件 郑州昊瀚玉器提供

满色手镯 漯河玉之林提供

至今还使用玉制的按摩器美容、保健，由此可知，玉器确实有一定的抗病防衰、延年益寿的作用。

其次，玉器本身使人产生了美好的心理感受，心理上的愉悦安宁必然对人的生理产生积极的作用。佩带玉饰，在很大程度上是一种精神享受。人们通过静观、把玩和欣赏等过程，会产生许多美好的联想，从而使精神愉悦、身心舒畅。比如，面对一件美玉，可能有的人会像一位诗人说的那样："美的事物在人心中唤起的感觉，是类似于我们面对着心爱的人时洋溢于我们心中的那种愉悦。"以佩带翡翠饰品为例，上等翡翠的绿色是非常优雅的颜色。绿色是希望、和谐、青春、永恒的象征，深绿色是大自然中森林的主色调，深沉而幽静，令人心情舒畅、精神安宁。翡翠的绿色给人以积极的遐想，祖国医学有"肝开窍于目，绿色养肝明目"之说。现代医学早已证明，绿色在可见光谱中波长居中，它对人的眼睛具有保护作用，对人的神经具有"安神镇静"的作用。绿色可以稳定情绪、解除疲劳，使人保持良好的心理状态。绿色景物可以降低眼压，消除或减轻心理紧张。所以我们不难理解"戴玉有益于健康"。美玉不但是一种财富，一种饰品，同时也是人们寄托精神的物品。在传统的玉饰上，有许许多多人们喜爱的吉祥图案，如由龙、凤、鹤、鹿、寿桃、佛手、喜鹊、蝙蝠等组成的以福、禄、寿、喜为主题的吉庆图案；由梅、竹、兰、菊、荷花等组成的象征人生情怀的君子图案及寓意成功顺利的骏马、帆船等图案都寄托了人们的愿望和理想。在良好氛围的陶冶中，人们会以积极、乐观、

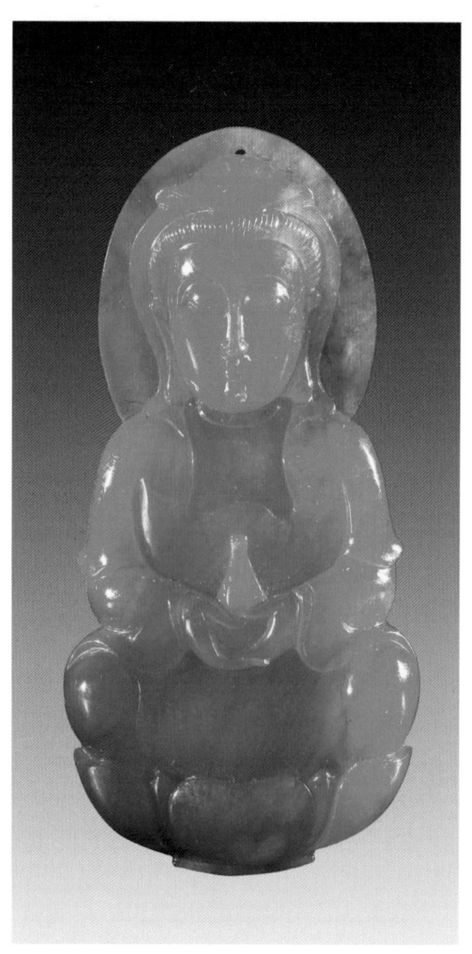

满色阳绿观音挂件 郑州昊瀚玉器提供

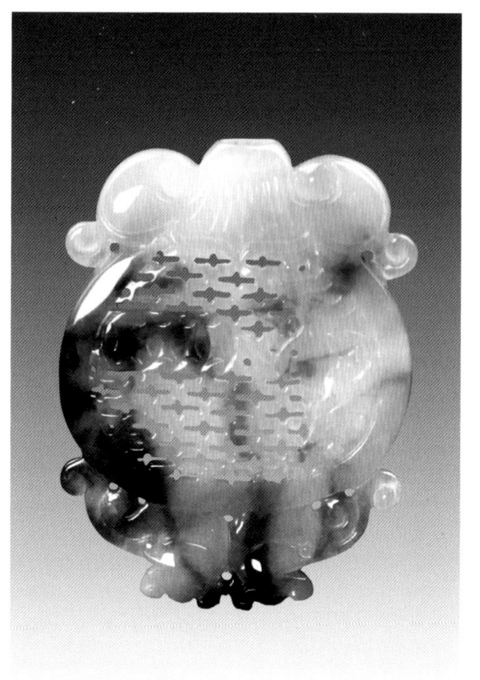
鱼形香囊挂件

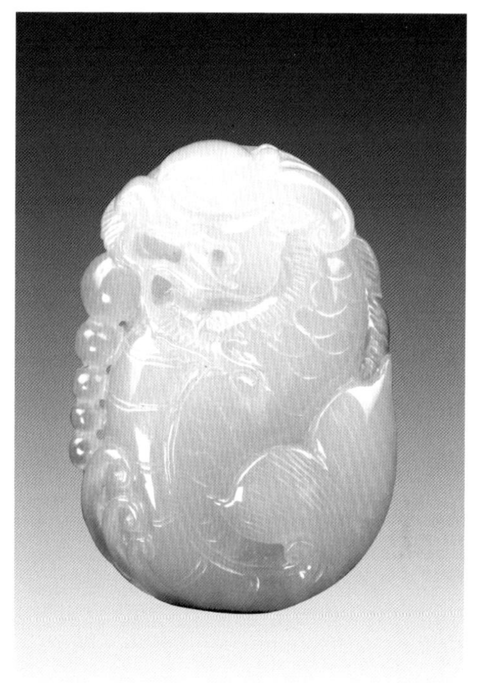
糯化种鱼化龙挂件

坦然、安宁的心态面对生活。从精神文明和心理卫生的角度，我们也可以说戴玉对人的健康有益。

再次，对于戴玉是否有益健康这样的问题，还应当充分认识其中的复杂性。玉器的使用、玉文化的发展可谓历史悠久、源远流长。几千年来，玉文化熔铸了非常丰富的社会内容，在历史的长河里中，难免泥沙俱下。在玉文化的范畴内，精华与糟粕、科学与迷信、真实与玄虚经常交织在一起，共生并存。玉石和玉器在使用和演化的漫漫时空中，一直有着相当广泛的生产与生活的功用和价值。但它又经常被人为地虚幻，蕴含了离奇的神话和古怪的观念，如神命观和天命观等，对此则不必太在意。

四、翡翠的优劣

翡翠是最具欣赏和收藏价值的美玉，但翡翠质量的评价又是非常难以把握的。比如，一只灰白色且不透明的翡翠镯子，千元以下就可以买到，而一只有些水头、略带翠色的镯子就得上万甚至几万元，如果种分细腻又翠色鲜艳，恐怕就要几十万元，当然，那种通透无瑕、质地净度非常好的满绿镯子是要数百万、上千万元的。由此可见，质地不同、颜色不同对翡翠的价格影响非常之大。那么，评价翡翠的价值应该从那里入手呢？

玻璃种飘蓝花挂件节节高升

翡翠的美学特征和审美要素有三个方面：翠质美、翠色美、翠琢美，也就是说翡翠主要的鉴赏对象是质地、色彩和雕工。除去人为因素，就翡翠的材质而言，要从质地和颜色两方面来评价。中国有句古训说得好："首德次符。"翡翠的德在于质地，具体表现为种分的优劣；翡翠的符在于色彩，具体表现为翠色鲜艳纯正与和谐。

翡翠的种或者种分是指翡翠结构致密、细腻的程度与透明度的高低。"水头"是对翡翠透明度的称谓，水头足、水头长则透明度高，水头差、水头短则透明度低。行内常常把种与水头联系在一起，统称为种水。种的优劣取决于质地，同时又影响了水头的好坏，它们体现出的是质地决定透明度的关系。

在市场上我们常常会看到有些质地、大小款式和雕工都相近的翡翠饰品价格相差很大，这其中主要的原因就在于颜色的不同。翡翠的价值与其颜色及颜色的浓淡、颜色的分布状况、颜色的形状关系极大。翡翠的不同颜色，是由于含不同的微量元素所致。微量元素的含量

K金钻镶满色艳绿吊坠 许昌御翠坊提供

玫瑰金钻镶玻璃种满色艳绿戒指 许昌御翠坊提供

和种类不同是造成翡翠颜色千差万别的原因所在。玉石界对翡翠价值的评价有一句行话："色绿一分，价高十倍。"可见颜色对翡翠价格的影响非常之大。

在翡翠界曾流传着翡翠的种水和颜色变化有"三十六水"、"七十二豆"和"一百零八蓝"的说法，使人感到非常神秘。其实这只能说明翡翠的颜色、质地和透明度的差别繁多而已，并不一定有这么细的分类。翡翠界对翡翠的种分认定大体上有："玻璃种"、"冰种"、"糯化种"、"金丝种"、"芙蓉种"、"花青种"、"油青种"、"豆种"、"马牙种"、"干青种"、"藕粉种"、"瓷白种"、"干白种"、"铁龙生"等。

绿色在翡翠的各种颜色中具有最重要的价值，只有绿色的翡翠习惯上才被称为"翠"。行内对翡翠绿色的评价标准有五个字："浓、阳、俏、正、和"。"浓"，是指绿的颜色要饱满，专业上称饱和度要高；"阳"，是指绿色要明亮、鲜艳；"俏"，是指美丽，抢眼；"正"，是指色泽纯正，不偏蓝、偏灰和夹杂其他颜色；"和"，是指色彩均匀，与地子的颜色和谐。业内按照色调将翡翠的绿色分为以下几种：帝王绿、艳绿、翠绿、苹果绿、秧苗绿、黄杨绿、葱心绿、鹦鹉绿、豆绿、豆青、蓝水绿、浅水绿、菠菜绿、瓜皮绿、墨绿、油青绿、蛤蟆绿等。

紫罗兰年年有鱼摆件 河南漯河玉满堂提供

五、价值的评判

在购买翡翠饰品前，有两个问题需要注意：一是辨别真伪，避免买到假货吃亏上当；二是应大体上能衡量出自己打算购买的东西属于哪一个档次的饰品，其价格应定位在哪个级别范围内。了解和熟知评价翡翠质量的标准，对于商家来说，翡翠的定价有据可依；对于消费者来说，心里踏实，避免了盲目性，避免花冤枉钱。

因为翡翠的特殊性，识别起来比较困难，所以建议一般不要在旅游景点和不专业、不规范的店家购买翡翠饰品，而应选择有信誉的专业珠宝店，并且购货时索要鉴定证书和发票。对于翡翠品级高低和价值的估量，要相对复杂一些。千百年来盛行的“黄金有价玉无价”的说法，更加深了人们对玉器，尤其是对翡翠价值难以估量的神秘色彩。

判断一件翡翠制品的优劣，可以从质地、颜色、透明度、地张、净度、工艺、重量和完美度八个方面进行衡量，然后作出综合评价。

高冰种带翠观音挂件 郑州昊瀚玉器提供

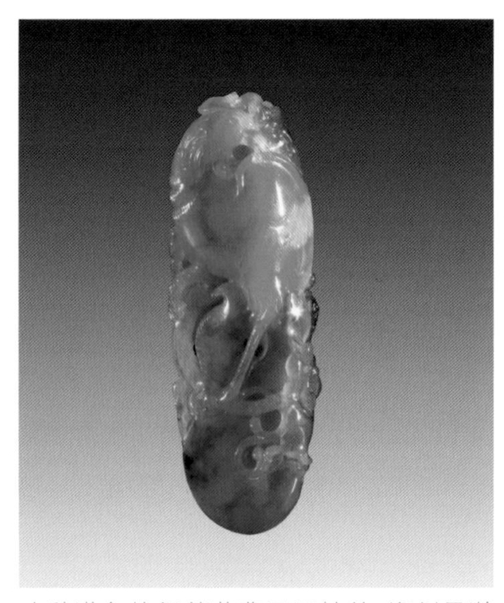

冰种满色艳绿俏黄翡凤凰挂件 郑州昊瀚玉器提供

1. 质地。俗称“种”，是翡翠质量高低的重要标志。有的专家将质地定义为翡翠的结构和组织构造。

质地反映了翡翠中纤维组织的疏密、粗细和晶粒粒度的大小、均匀程度。结构致密细腻，晶粒小而均匀的翡翠质地就好，反之就差。

2. 颜色。简称“色”，翡翠中颜色的种类非常丰富。红为翡，绿为翠，以翠为贵，其他颜色不能与翠相提并论。翡翠中另外常见的颜色有紫、黑、蓝、灰等。

同一种颜色，有浓淡、明暗、均匀、色形、色比、色所处的位置之分。

3. 透明度。俗称“水”，透明度是光在物体中的透过能力。透明度的优劣，决定了翡翠是否润泽、晶莹、清澈，透明度与质地、颜色及饰品的厚薄等因素有关。透明度好的翡翠制品称水好、水头足，反之则称水干、水短等等。透明度好则翡翠的质量品级高，透明度低则质量品级低。

4. 地张。又称“底”或“底子”，简要地说，“底”包括了翡翠除了绿色以外的所有物质存在。评价“底”的优劣有两项指标：其一，除绿色以外的部分的干净完好程度；其二，绿色部分与绿色以外整体之间的协调程度 。

地张是一项综合指标，是翡翠的种、水、色净度的综合体现，它主要指质地、透明度和净度，同时也包含了色调和颜色的表现特征。

俏色连年有余摆件 河南漯河玉满堂提供

5. 净度。指翡翠质地的干净程度和完好程度。如翡翠中没有黑点黑块，没有杂质、白棉，没有裂绺等缺陷，则翡翠的净度高。反之则相反。

6. 工艺。简称“工”，包括翡翠饰品的设计构思、图形款式和雕刻制作工艺的水平。显然，构思独到高雅、文化内涵丰富、做工精良的饰品，质量方为上乘。

7. 重量。对于两块在种、水、色、工等方面相同或相近的翡翠，肯定是重量大的价值高于重量轻的。

对于全绿的翡翠饰品，重量应大于5克拉（1克）以上，才具备高档翡翠的价值。

8. 完美度。完美度主要指有联系要求的玉件，其大小一致，图案对称或相互协调，成双、配套的完好程度。如龙凤佩、耳钉、耳环等就有完美度的要求。其次是指饰品制作时的用料，巧妙使用玉料，使图形图案构造无缺陷的程度。

在以上八项指标中，质地、颜色和透明度三项最为重要。质地（种）、透明度（水）决定着一件翠玉是否有“灵气”，是否耐看，而颜色则常常决定了玉件是否高贵。既具备好的颜色，又具有“灵气”，才更能显示翡翠玉件的高贵和典雅。综合评价的原则是：运用上述八项指标衡量翡翠时，优点越多，品级越高，价值也越高。

六、翡翠的“种分”

翡翠的种分主要是指它的质地，在前面列出了十几个翡翠种分的称谓，下面具体做些分析。

（一）玻璃种翡翠

业内俗称“老坑玻璃种”，玉料质地纯净细腻无裂绺棉纹，敲击翠体音质清脆，很符合玉质金声的传统说法。透明度高，玻璃光泽，给人的整体感觉就像玻璃一样清澈透明，所以称为“玻璃种”。

玻璃种观音挂件

玻璃种的翡翠在加工时为显示其晶莹剔透的质地，尽可能少做雕刻的花纹，而留出大量的光滑平面，如果必须做些雕刻纹饰，也是以不伤原料为原则。有幸得到玻璃种原料的人往往喜欢将其加工成极品戒指蛋面或手镯。

玻璃种翡翠如果没有任何颜色，行话称之为“白玻璃”，这种原料制成任何成品都是令收藏者趋之若鹜的购买对象。最优的玻璃种翡翠表面带有一种隐隐的蓝色调的浮光游动，行话称之为“起莹”或“起杠”。凡是起莹的玻璃种翡翠都是极品中的极品。如果玻璃种翡翠带色，色浓翠艳夺目、均匀和谐，称为“满绿玻璃种”，这种翡翠的质地与质量是极为罕见和珍贵的。

玻璃种翡翠挂件

（二）冰种翡翠

冰种翡翠的质地也非常透明，只是比起玻璃种来要稍差一些。顾名思义，玻璃种翡翠纯净得就像玻璃，内部有任何杂质都暴露无疑，而冰种翡翠虽然也透明，毕竟杂质稍多。冰种里质量最好的被称为“高冰种”。高冰种在专业上很难定义，在商业上却经常出现。虽然冰种翡翠不如玻璃种珍贵，但在实际生活中也是可遇不可求的。

高冰种观音挂件 郑州昊瀚玉器提供

（三）糯化种翡翠

它的主要特点是透明度较冰种略低，给人的感觉就像是糯米汤一样，属于半透明的范畴。糯化种又可细分为糯冰种和糯米种。糯冰种更接近冰种一些。

有一种方法可以比较方便地区分玻璃种、冰种、糯化种，将厚度不大的翡翠放在报纸上，透过翡翠能够清楚地看清字迹的就是玻璃种，只能看清轮廓但认不出字的是冰种，而只能看出有字但看不出字的轮廓的就是糯化种。

糯化种翡翠的成品大多见于手镯或小的挂件。如果在糯化种上有一些绿、蓝绿色的“花”，那么就被称为“水地飘绿花”、“水地飘蓝花”，其价值也比较高。

（四）金丝种翡翠

也有人叫翠丝种。指的是翡翠鲜艳的绿色成丝状平行分布，翠体呈透明半透明，质地细润，裂绺棉纹较少。金丝种翡翠属于较高档次，以条带面积占总面积比例大的为佳。

（五）芙蓉种翡翠

其颜色一般为淡绿色，不带黄色调，绿得较纯正，通体色泽一致，因此使人感到比较清澈。它的质地比豆种细，结构略有颗粒感，却又看不到颗粒的界限，呈半透明。其色虽不浓，但很清雅，虽不够透，但也不干，很耐看。虽然每项指标都不是顶级，但组合在一起效果很好。芙蓉种属于中高档翡翠。

糯冰种富贵缠身挂件

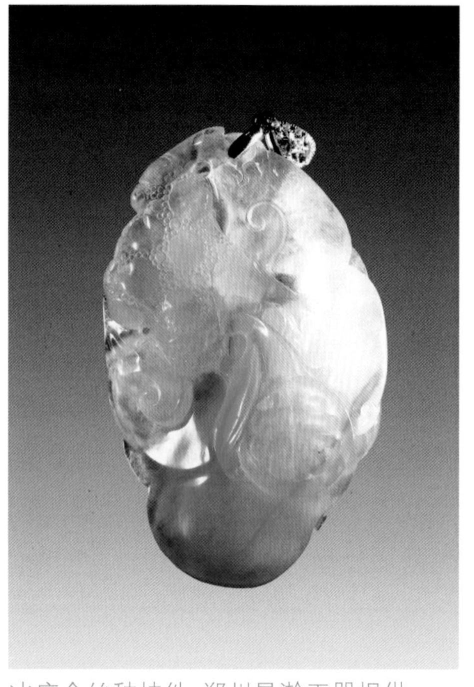

冰底金丝种挂件 郑州昊瀚玉器提供

（六）花青种翡翠

它的底色为绿色、无色。绿色深浅不一，形状也不规则，质地不透明至微透明，结晶颗粒较粗，敲击翠体时声音不再清脆悠扬，而明显有些沉闷。不规则的颜色或深或浅，分布时疏时密。花青种翡翠多加工成佩饰和雕件，很少用来做手镯。花青种属于中档翡翠。

（七）油青种翡翠

油青种的颜色青暗，绿色明显不纯，含有灰色、蓝色成分，其质地有油浸的感觉，透明度较高，质地细腻，敲击有金属般脆声。油青种常来做戒面、手镯和挂件。属于中档翡翠。

（八）豆种翡翠

豆种是翡翠家族中最常见的品种，所以有“十有九豆”之说。它的晶体颗粒较大，多呈短柱状，像粒粒豆子一样排列，凭肉眼就可以看出这些晶体的分界面。绿色清淡，透明度犹如雾里看花，绿者称豆绿，青者称豆青。豆种翡翠往往用来做中档手镯、佩饰、雕件等，几乎涵盖了所有翡翠成品的类型。

豆种翡翠是一个庞大的家族，简单地分就有豆青、冰豆、糖豆、田豆、油豆、彩豆等近十种。

豆种翡翠有大多人青睐的绿色，远看明快漂亮，但质地略显粗糙，透明度也不高，种水一般。

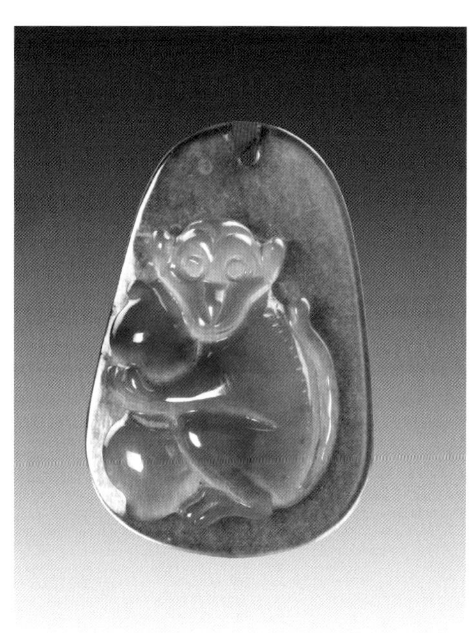

冰油青寿猴挂件

豆种连年有余摆件 河南漯河玉满堂提供

七、翡翠的颜色

在自然界所有的天然宝石中，翡翠的颜色是最为美丽和丰富多彩的。翡翠颜色按光谱色分为七大类：红色、橙色、黄色、绿色、蓝色、青色、紫色，如果再加上黑色、白色和无色，一共是十种颜色。在所有这些颜色中，绿的生机盎然，红的热情如火，黄的雍容华贵，紫的典雅庄重，白的圣洁高贵，黑的凝重犀利，无色的晶莹剔透。若是一块翡翠上有多种不同的颜色，那就更令收藏者爱不释手了。珠宝行业和玉雕界对翡翠各颜色都有专门的叫法，比如把绿色称为翠，把黄色称为翡，把紫色称为春，把蓝色称为怪桩。

（一）红色

红色翡翠在翡翠饰品及工艺品雕件中是十分罕见的。根据翡翠名称的定义，红色的翡翠应称为翡。在实践中见到的翡或多或少都带有黄色调、褐色调，因此“翡”的概念也渐渐接受了褐色调和黄色调，不再是红色翡翠的专有名称，也出现了“黄翡”等词，并得到行业内外人士的认可。

翡色可分成翡红与红翡两类。其中红翡是以褐色为主、带有红色，较为常见；而翡红则是以红色为主、带有褐色，价值更高。狭义的翡色实际上指黄色或红色都不明显时，饱和度较低的一种浅褐红色或淡红褐色的颜色。当翡红色或翡黄色的颜色深度适中而又出现在质地、水头较好的翡翠中时，可有较高的市场价值。翡翠中的翡色多被用作俏色作品，尤其以把玩件为多。全部为红色的翡翠能独立成器的不多见。

红翡翡翠挂件

红褐翡佛手挂件

（二）橙色

橙色翡翠在翡翠饰品和工艺品雕件中出现的几率更是少之又少了，橙色可以依附于红色的外缘，却很少单独出现。橙色按深浅程度可描述为深橙色、橙色、浅橙色。橙色翡翠的质地一般，透明度中等，颜色并不是很鲜艳，位于红翡与黄翡的过渡带上，因此判断橙色翡翠应根据内部颜色而不是皮壳颜色。

红橙色的鲜艳程度与水头、质地密切相关，水头越长、质地越细色越艳丽，水头越短色越呆板。

（三）黄色、褐色

黄色翡翠可分为黄翡和翡黄两类，黄翡是以翡色（褐红）为主、带有黄色色调的翡翠；翡黄则是以黄色色调为主、带有褐色色调的翡翠，最黄的可呈栗子黄、鸡油黄和柠檬黄。如果配上较好的种水，这三种黄色翡翠的价值都较高，甚至可以达到收藏的级别。

黄色翡翠在翡翠饰品及工艺品雕件中出现的几率比较高，多出现在皮壳层下部或表层，质地一般比较疏松，透明度也不会很高。最优质的黄翡往往形成于翡翠水石的外皮，厚度不大。

褐色翡翠大多出现在河床阶地中的翡翠卵石，经过漫长地质时代的风化作用，翡翠卵石上形成一层褐色皮壳，氧

红橙翡挂件

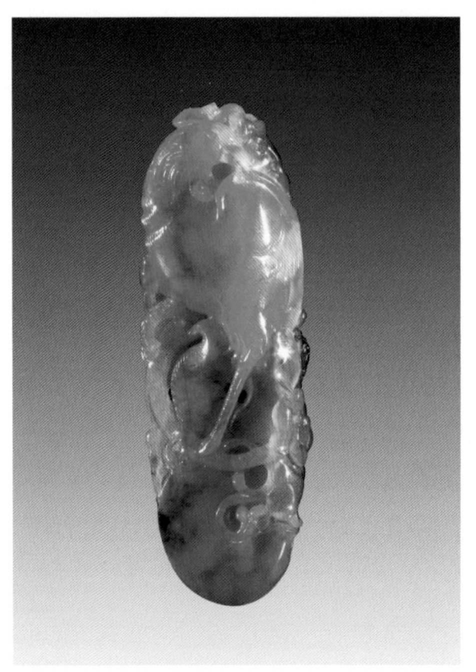

冰种黄翡皮挂件

褐黄翡镂雕把件五福临门

化铁浸染到皮壳层下色由浅逐渐变深。褐色类翡翠在翡翠饰品及工艺品雕件中占有很大比例。褐色类翡翠的颜色有褐、浅褐、深褐与黑褐色，并形成一系列深浅之间的过渡色。

（四）蓝色

蓝色翡翠在翡翠饰品及工艺品雕件中出现的几率极低，行业内称其为“怪桩”。天然翡翠没有纯正的蓝色，这里所说的蓝色色调往往偏绿或偏紫，而且明度较弱，常偏灰。

蓝色翡翠比较特别，由于人们猎奇的心理，也常成为收藏者的关注对象。如果蓝色翡翠种分和水头较好，价格也很昂贵，如玻璃种或冰种、糯种飘蓝花的手镯、挂件等。

（五）紫色

紫色在中国古代被称为帝王色，从紫微大帝到紫禁城，从老子出关的紫气东来到紫衣绶带，无不显示出紫色神圣高贵的地位。真正优质的紫色翡翠其价

玫瑰金钻镶紫罗兰马鞍戒指

值也不让绿色。

紫色翡翠在翡翠饰品及工艺品雕件中出现的频率较高，质地大多较粗糙，很多紫色翡翠有大量的棉絮状白色包体，行内称此现象为“吃粉”。

紫色翡翠又称“紫翠”，其色称春色、春花、紫罗兰，是翡翠中最常见且有较高市场价值的颜色之一。紫色浓艳高雅，浅紫清淡秀美，红紫庄重富丽，各具特色。市场上常见的紫色翡翠根据色彩及饱和度可以分成五种：

皇家紫：是指一种浓艳纯正的紫色，它的颜色色调非常纯正，饱和度较高，亮度中等，因而显出一种富贵逼人、雍容大度的美感。这种紫色实际非常少见，具有很高的收藏价值。一只满色的皇家紫的手镯，市场价可达百万元人民币以上。

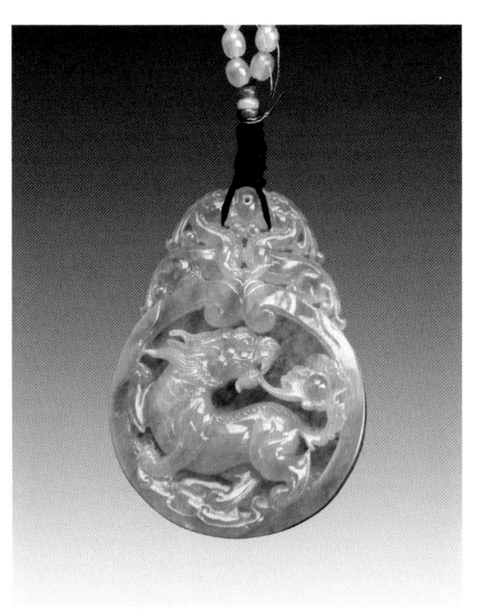

蓝紫出廓璧貔貅把件 漯河玉之林提供

红紫：是一种偏向红色调的紫色，它的颜色饱和度中等，在紫色翡翠中也不算常见，其价值认同度很高。

蓝紫：是一种偏向蓝色的紫色，它的饱和度变化较大，从浅紫蓝到深紫蓝都可以见到，是紫色翡翠中较常见的类型，行话称“茄紫”。当饱和度偏高时，颜色常有灰蓝色的感觉。

紫罗兰：是商业翡翠中最常见的一种，紫色从中等深度到浅色，是紫罗兰翡翠的标准颜色。

粉紫：是一种较浅的紫色，可以有偏红或偏蓝的感觉，但达不到红紫或蓝紫的水平。它常常出现在一些水头较好、质地细腻的翡翠中，商业价值在所有的紫色翡翠中最低。

（六）白色

灰、白色在翡翠原料中占有很大比例，大量的中低档翡翠都是灰、白色的。灰、白色类翡翠形成一系列过渡色，其中白色可分为瓷白、乳白、雪白、羊脂白，还有灰白、浅灰白等。白色翡翠如果透明度高、质地细腻，仍属翡翠上品。

（七）黑色

黑色翡翠在翡翠饰品及工艺品雕件中占有非常特殊的地位。翡翠中绿与黑有着密切的伴生关系，如果黑色部分大都属于不透明的暗色闪石族矿物，这种黑色对翡翠有很大的副作用；有句行话还说“有黑绿老，有黑绿透”，这里的黑色往往是富含过渡的金属致色离子，因而在强光下仍有一定透明度并表现为绿色，那么对翡翠的价值没有明显的副作用；但如果黑色部分的主要矿物为绿辉石，这时的黑翡翠就有了一个更响亮的名字“墨翠”，其身价倍增。

白地俏翠色一品清廉摆件 南阳隆宝斋提供

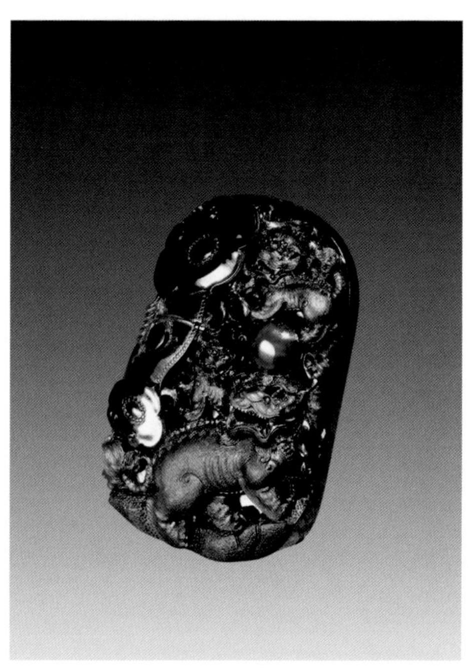
墨翠钟馗捉鬼挂件 郑州昊瀚玉器提供

八、翠色的差异

翡翠的天然本色，正如一位艺术家所形容的那样，“宛如天生丽质、仪态万方、风情万种的东方女子，她的美丽和品位人见人爱”。绿色在翡翠的各种颜色中具有最重要的价值，只有绿色的翡翠习惯上才被称为“翠”。一般来说，高档翡翠应具有纯正而浓艳的绿色，即要求颜色饱和，亮度搭配适中。

前面说过翡翠翠色的五字标准：浓、阳、俏、正、和，以及翠色的十几个种类。这是几代翡翠人在实践中总结出来的重要经验。“浓”指绿色要饱满，专业上称饱和度高；“阳”是明亮，不阴暗；“俏”是指十分美丽，行话称为“抢眼”，专业上称为颜色的刺激纯度高；“正”是指颜色纯正，不偏蓝、偏灰和夹杂其他颜色；“和”是说色彩均匀，与地子的颜色和谐。下面我们对翡翠翠色的种类简单地做一些解释：

艳绿翡翠挂件

（一）帝王绿

绿色庄重、纯正、饱和，不含任何偏色，分布均匀，而且翡翠的种分为玻璃种。

（二）艳绿

绿色鲜艳、纯正、没有偏色，分布均匀，质地细腻。

（三）翠绿

绿色鲜亮，色调纯正，不含杂色，分布比较均匀，绿色的饱和度接近艳绿。

以上翠色是翡翠绿色的极品。

（四）苹果绿

颜色浓绿中稍显一点黄色，几乎看不出来，绿色的饱和度略低于以上三类。

（五）秧苗绿

绿色中的黄色比苹果绿稍多一点，与水稻秧苗的颜色差不多。

（六）黄杨绿

绿色鲜艳，略带微黄，如初春的黄杨树叶。

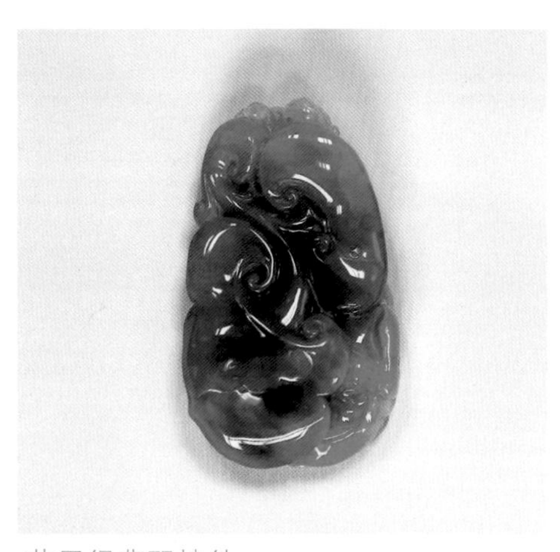
苹果绿翡翠挂件

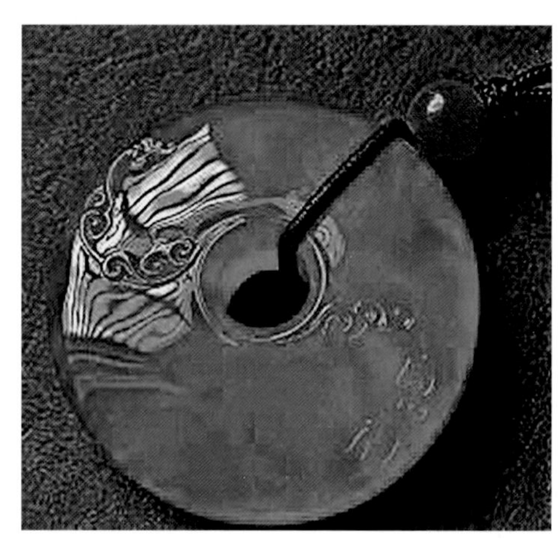
黄阳绿翡翠挂件

秧苗绿翡翠挂件

翠绿翡翠耳坠

（七）葱心绿

绿色像娇嫩的葱心，带有黄色调。

（八）鹦鹉绿

绿色如同鹦鹉绿色的羽毛，微透明或不透明。

（九）豆绿

绿如豆色，是翡翠中常见的品种，玉质稍粗，微透明。

（十）豆青

与豆绿比较接近，含青色较多一些。

蓝水绿翡翠挂件

（十一）蓝水绿

半透明至透明，绿色中略带蓝色，玉质细腻，也是高档翡翠。

（十二）菠菜绿

绿色中带蓝灰色调，如同菠菜的颜色，半透明。

（十三）瓜皮绿

不透明至半透明，绿色不均匀，绿色中含有青色调。

（十四）墨绿

不透明至半透明，色浓，偏蓝黑色，质地纯正者为佳品。

墨绿挂件

（十五）油青绿

透明度较好，绿色较暗，有蓝灰色调，为中低档品种。

（十六）蛤蟆绿

不透明至半透明，带蓝色、灰黑色调，品级不高。

以上分类是从色调角度划分的，如果按绿色的浓艳程度，还可以分为阳俏绿、浅阳绿、浅水绿、蓝绿、阳绿、淡绿、浊绿、暗绿、黑绿，等等。在各地翡翠业内，对翡翠的称谓有一些差异，比如还有江水绿、匀水绿、丝瓜绿、冬青绿、鸭蛋绿等叫法，这是因为过去工匠们在加工过程中往往用自己熟悉的事物来比拟翡翠的颜色，并不十分科学。在购买翡翠饰品时，要注意多比较和观察，把握色调、浓艳程度和整体效果。

菠菜绿翡翠挂件

九、翡翠的鉴别

面对一块玉料或玉件，首先要判断它是什么物质，是什么玉，是不是翡翠，然后才考虑它是否经过处理，它的品级如何？质量怎样？价值几许？专业人员鉴别翡翠的方法不外乎有三类：感观识别、仪器检测和液体鉴别。

感观识别必须以专业知识和实践经验为基础，缺一不可。归纳起来是“一看、二摸、三掂、四听”。

（一）看

看特征，看结构，看色泽，查瑕

疵——翡翠的特征是具有“翠性”，即由其内部粒状、片状或纤维状的斑晶解理造成的星点状闪光；翡翠的结构具有变斑晶交织的特性，在半透明粒状斑晶周围有细小的纤维状的矿物晶体交织在一起，结构的疏密、晶体的粗细是评价翡翠质地好坏和品级高低的依据；翡翠成品一般具有玻璃、亚玻璃或半玻璃光泽，颜色不均，而软玉、岫玉等与翡翠相似的玉常具有蜡状光泽和油脂光泽，颜色大多均一，有经验的人从色泽上便可以看出玉件是否为翡翠；借助灯光或自然光，查看翡翠实体内是否有杂质、裂隙等，再结合其他指标，估计出翡翠的质量好坏、品级高低，是“查瑕疵”的目的。

（二）摸

翡翠传热、散热快，贴在脸上或置于手背上在短时间内有冰凉之感；翡翠硬度大，结构致密细腻，经抛光后具有很高的表面光洁度，手摸时滑感明显。

（三）掂

翡翠的密度为每立方厘米 3.34 克，高于与其相似的软玉、独山玉、岫玉、澳洲玉、马来玉（染色石英岩）等，但又低于青海翠（钙铝榴石）等。有经验者通过掂重即可初步判断出一块玉料或玉件是不是翡翠。

（四）听

仔细听成品之间的碰击声，可以大致辨别出玉件是否为翡翠，是什么样的翡翠（是否经过酸洗、处理）。天然的，尤其是质地好的翡翠玉件，碰击时发出的是清纯悦耳的“钢音”。听要有比较的听，还要有一定的经验作为基础，才能根据音质大体判断出质量。

（五）高科技的仪器检测

高科技的仪器检测一般是在遇到复杂、疑难问题时才使用，翡翠检验鉴定更多的使用一些常规的仪器：

宝石显微镜：放大倍数通常为 10–80 倍。它可以清楚地观察翡翠的表面结构及内部组织特征，以辨别被测物是否为翡翠，是天然翡翠还是经过处理的翡翠（翡翠 B 货、C 货)，可以清楚地观察到翡翠表面或内部的瑕疵，还可以观察到组合石的结合面等等。在无显微镜或不便携带显微镜的情况下，可以使用 聚光手电和手持式放大镜。

查尔斯滤色镜：凡是在镜下变红的都不可能是天然翡翠；但不变红的也不一定就是真货，因为有些染色翡翠、镀膜翡翠及激光致色翡翠没有使用含铬的染料，在查尔斯镜下也不变红。

紫外荧光仪：在紫外线的照射下翡翠无荧光或呈弱白、绿、黄的荧光，而经过注胶处理的翡翠其荧光呈紫罗兰、浅粉红色，经染色处理的翡翠在紫外线灯照射下荧光也不同于天然翡翠。

液体鉴别翡翠主要是用重液法测密度(比重)。重液是一些比重较大的液体，翡翠鉴别常用的重液是二碘甲烷，比重为每立方厘米3.32克。将测试物投入重液，比重大的会上浮，比重低的会迅速下沉。翡翠的比重正好和重液相近，则保持悬浮状。

十、A、B、C货的辨识

由于高档翡翠的贵重和稀有，有人就用化学的方法，对质地不太好、杂质较多的低档翡翠进行处理，使其变得通透干净，色彩艳丽。这种方法加工过的翡翠其价值已经大打折扣，也失去了收藏的价值。从鉴别真伪的角度，行内把翡翠饰品分为A货、B货、C货。

与用化学的方法处理过的翡翠相比，A货翡翠有五个方面的特征：

(一) A货翡翠的特征

一是有翠性。当翡翠晶粒粗时凭肉眼清晰可见，晶粒细时要借助10倍以上的放大镜才可以看到翠性。

二是色自然。天然翡翠的颜色顺着纹理方向展布，有色的部分和无色部分呈自然过渡，色形有首有尾，颜色看上去像是从其纤维状组织或粒状晶体内部长出来的，沉着而不空泛。绿色在查尔斯滤色镜下观察不变红，为灰绿色。

三是光泽强。抛光面具有玻璃光泽或亚玻璃光泽。折射率较高，为1.66左右。

四是声音脆。把两件翡翠玉件互相碰击，若是A货，则发出清脆的声音，若不是A货，则声音沉闷。

五是表面无异常。在显微镜下观察，大多数天然翡翠的表面为“橘皮结构”，当翡翠的晶粒或纤维较粗时其表面虽有一些粗糙不平或凹下去的斑块，但未凹下去的表面却较平滑，无网纹结构和充填现象。

(二) B货翡翠的鉴定特征

B货翡翠其质地经过了人工处理——酸洗去脏后注了胶，其结构受到了破坏，但颜色还是天然的。它的主要鉴定特征是：

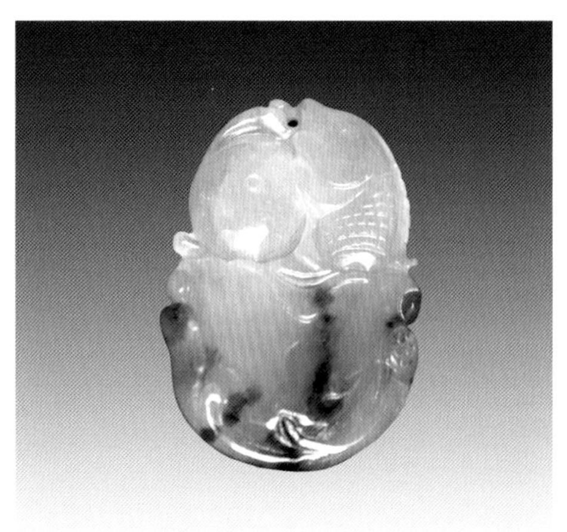
B 货翡翠，酸洗注胶

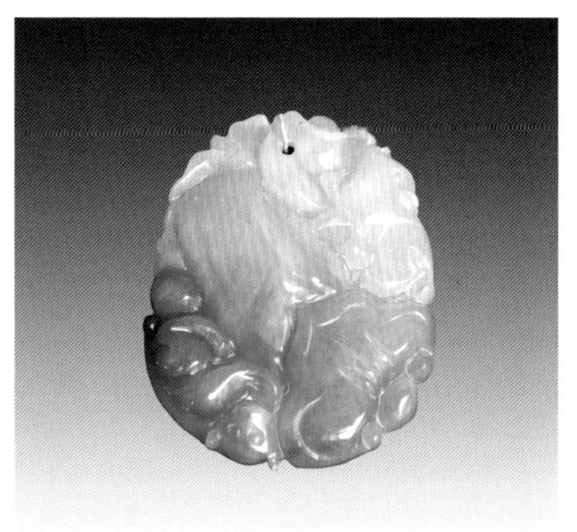
B ＋ C 货翡翠，酸洗注胶＋染色

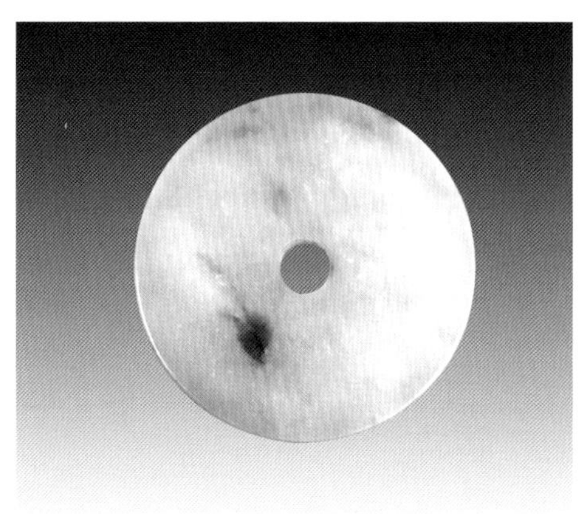
翡翠 B 货（酸洗注胶）

光泽异常。翡翠B货要么光泽不够，灵气不足，呈树脂状光泽，不及天然翡翠光亮或自然；要么光泽、透明度明显优于同档次的 A 货，常见的如靓丽的 B 货“巴山玉”、腐蚀充填效果很好的“高 B”，也有较好的光泽。

颜色不自然。天然翡翠的色与底配合协调，观之大方自然，而经过漂洗的翡翠因色根遭到酸的破坏，边沿变得模糊不清，有时在色块、色带的边缘使人感到有“黄气”。

有网纹结构。在镜下放大 10–30 倍观察，整个玉件表面布满了不规则的裂纹和凹凸不平的腐蚀斑块，这是翡翠经强酸腐蚀后留下的痕迹。

折射率可能偏低。B 货的小裂隙内充满了树脂，在一定程度上影响了它的折射率。凡翡翠的折射率低于 1.65 时要注意可能是 B 货。

声音沉闷。用试玉石轻轻碰击 B 货，声音沉闷，而无清脆之音。

有荧光反应。用紫外线灯照射，许多 B 货都发黄白色荧光，这是由环氧树脂引起的，若充填物不是环氧树脂，则无荧光反应。

（三）C 货翡翠的鉴定特征

C 货翡翠是人工染色、致色的产物，因此识别时重点在“颜色”二字上下功夫。C 货的特征是：

1. 第一眼观察，就觉得颜色夸张，不正，不自然。

2. 对着灯光，在透射光下观察，或在放大镜下观察，可以发现颜色不是在硬玉晶体内部分布，而是附着在硬玉矿物的外表，或是堆积、附着在翡翠的裂隙间。常呈网状、团块分布，没有色根。色根是一种颜色生成现象，以绿色翡翠为例，其条状、片状、团块状的绿色，颜色的深浅具有渐变的特征，渐渐深入到翡翠组织、结构的内部，或某一块较深的绿渐渐地过渡到较浅的绿之中。色根是判断翡翠是否为 C 货的特征之一。但高档翡翠如老坑种翡翠因为颜色非常均匀，组织结构又很细腻，所以看不到或难见色根。

3.C 货翡翠其表面颜色较浓厚，越往内越显得浅淡，或在玉件的裂绺处组织粗糙处，颜色明显加深或堆积。

4. 用无机铬盐作染色剂染制的翡翠，在白炽灯强光下使用滤色镜观察，翡翠 C 货的绿色会变为淡红、粉红、棕红或无色。

5. 辐照改色的翡翠，在灯下观察可发现翡翠的绿色围绕在表面，呈环带状或斑块状分布，这种 C 货翡翠在滤色镜下变为紫红色。这种翡翠初看翠绿动人，透明度好，但翠里透蓝，玉件表面有被轰击的痕迹，轰击处表面颜色较深。

鉴别翡翠 A、B、C 货的方法，缺少眼力与经验的人还是不能一下子就能掌握的，实践中需要仔细观察体会，反复比较。最可靠的方法是在购买时请商家出具权威机构的鉴定证书，或者直接到权威鉴定机构作一下检验。

B + C 货手镯（酸洗、注胶＋染色）

十一、翠雕的图案

中华民族有着几千年的文明史，玉文化就是伴随中国古文化的发展而蓬勃发展起来的。可以这样说，中国玉文化是反映中华民族传统文化博大精深的一个缩影。

玉雕饰品主要借助丰富多彩的图案表达其文化内涵，通常以自然界物象或传统故事为题材，因着重于寓意吉祥的内涵而有别于一般装饰图案。翠雕图案内容可分为以龙凤、植物、动物、人物为主的各类；表现手法则分为寓意和象征、汉字形声假借、文字直接表示、表征、比拟等。古时，翠雕题材常常用来表达人们期望长寿、健康、幸福、平安等美好愿望。而今，这些寄托于精美图案中的美好期望更是成为人们选择玉雕饰品的主要原因之一。

（一）翠雕龙纹

中国人称自己是龙的传人，以龙为祖先。龙的历史在中华大地源远流长，遍及南北。1971 年在内蒙古自治区发现的玉雕猪龙，经专家考证大约产生于 7000–6000 年前；仰韶文化遗址中，出土有陶壶龙纹；远隔千里之外的江苏吴县良渚文化出土的器物中刻有一种似蛇非蛇的勾连花纹，即是古越人龙图腾崇拜的象征。龙的形成起点大约在新石器时代，经过商、周两代的发展，到秦汉时期便基本成形。龙脱离自然界中的具体动物形象，成为集诸种动物灵性与特长于一身的特殊动物。到唐代，龙成了天子的专利，龙纹只能用于皇帝的衣服、器物，龙成了皇权的象征。

《说文解字》中这样解释龙：“龙，鳞虫之长，能幽能明，能巨能细，能短能长，春分而登天，秋分而潜渊。”早在新石器时代早期，龙就有了“通天”的

紫罗兰糯种镂空雕飞龙挂件

意味。红山文化的典型代表玉器——红山玉猪龙就是龙文化起源的很好例证。

“龙腾在天”——这类翠雕题材主要应用于牌片的制作，寓意人们对天下太平的祈望，更表达了人们希望能超越自我的美好愿望。天龙，当然指天上的龙，或升天的龙。龙能够腾翔于云天，是由其取材对象和神性决定的。龙的神性可以用喜水、好飞、通天、善变、显灵、征瑞、兆祸、示威来概括。其中的“好飞”和“通天”，是“天龙”形成的决定性因素。作为龙的集合对象，雷电、云雾、虹霓等本来就是飞腾在空中的“天象”；而鱼、鳄、蛇等在水中潜游之快，马、牛、鹿等在陆上奔跑之速，都类似于“飞”。古人由于思维的模糊性往往将潜游于水的鱼、鳄、蛇等，奔跑于陆地上的马、牛、鹿等，和飞升腾跃在空中的雷电、云雾、虹霓等看成一个神物的不同表现，从而认为能在水中游、陆上跑，也就能在天上飞。

浮雕龙纹腰挂

“夔龙拱璧”——这种翠雕题材主要应用于摆件或牌片的制作。寓意是人们对天下太平、安居乐业的祈盼。中国历史悠久，原始人的生活与理念、奴隶社会器物的种类与用途、封建社会不同阶层的享用和条件等，创造了很多种类的龙。《广雅》中说：“有鳞曰蛟龙，有翼曰应龙，有角曰虬龙，无角曰螭龙，未升天曰蟠龙。”而众龙之首即为夔龙。夔龙为众龙之首，其形象出现于商代前期，是单层的线刻花纹。到了商代后期形成了浮雕与线刻相结合的纹饰。根据龙纹的形体大致可分为爬行龙纹、卷龙纹、交龙纹、两头龙纹和双体龙纹几种。自宋代以来的著录中，在青铜器上，凡表现为一爪的纹饰又称为“夔纹”或“夔龙纹”，后来逐渐过渡到玉器上使用。

“神龙戏珠”——人们在建筑彩画、雕刻、服饰绣品上常常见到“龙戏珠”（有单龙戏珠、二龙戏珠、多龙戏珠之分）的图案。龙珠是与龙有关的珠。“千金之珠，必在九重之渊而骊龙颔下。”这是《庄子》的说法了。中国古代有吞珠化龙的传说：一个少年割草得一宝珠，此珠放到米缸涨米，放到钱柜生钱。财主知道了带人来抢，少年情急之下将珠吞下肚里，口渴求饮，就去喝江河水，喝着喝着就化为了龙。此翠雕题材主要应用于牌片、摆件、挂件的制作，寓意人们期望四海升平的幸福生活。

（二）翠雕凤纹

凤的艺术形象来自现实生活中多种禽类的形象概括，它集中了各种飞禽美之大成。凤是长江中下游地区、黄河下游和以淮河流域为中心的东部沿海地区各氏族部落的联合图腾。据闻一多考证，凤的最早图腾出现自原始殷人。殷的祖先叫“契”，传说是帮助大禹治水的英雄。而契的母亲叫“简狄”，《史记·殷本纪》中记载了简狄吞下玄鸟之卵而生契的故事。《诗经》中“天命玄鸟，降而生商”说的就是这件事。玄鸟就是凤鸟。由于殷契是商的始祖，因此殷商崇信凤鸟。从商周时期留下来的礼器、生活用具的青铜器上，便可看到凤纹图案。这些凤纹图案和后来的凤凰造型相差甚远，那时称为“夔凤”，呈蛇状长条形，只有一条足。由于凤的早期形象是由火、太阳和百鸟复合而来，因此古称“凤凰，火之精，生丹穴，状如鸡，五彩具备”，是“神鸟”，鸟中之王。它在中国有文字开始便有记载。在安阳出土的殷商甲骨文中，就有凤的象形文字。这个字具备鸟的特征，看上去像一只孔雀，有冠有羽，还有美丽的长尾。

凤的柔美的长线条形象翩翩飞越漫长的历史时空，给历代人民以巨大的精神力量。它与龙一样，同是中华民族的象征。

龙有喜水、好飞、通天、善变、灵异、征瑞、兆祸、示威等神性。凤有喜火、向阳、秉德、兆瑞、崇高、尚洁、示美、喻情等神性。神性的互补和对应，使龙和凤走到了一起：一个是众兽之君，一个是百鸟之王；一个变化飞腾而灵异，一个高雅美善而祥瑞。两者之间美好的互助合作关系建立起来，便“龙飞凤舞”、“龙凤呈祥”了。龙和凤的配合、结合、

雕凤纹把件

对应，反映着古人的阴阳观。

凤是凤凰的总称，它可以分为雏、鸾、凤凰三个成长阶段：雏是指幼凤；鸾是指成长中的凤，介于成年凤与幼凤之间；凤凰是指成熟的凤。凤是分雄雌的，雄为凤，雌为凰，但在与作为帝王的龙对应之后，就雄雌不分，整个地“雌化”了。

凤凰的形体可以分为四个部位，即头部、身部、尾部和足部。

凤凰的头部包括：凤嘴、凤眼、颈项、凤冠和凤坠等。凤有冠有坠。而鸾由于尚未成年，虽有冠和坠，但只有凤的一半大。雏则无冠无坠。

凤凰的身部包括：胸、背、腹、翅膀（肩羽、复羽、翼羽和飞羽）、凤胆等。

凤凰的尾部包括：主凤尾、次凤尾、和飘翎。主凤尾一般为两根，也有三根和五根，甚至多达九根的，凤凰的尾羽有凤镜（俗称凤尾眼）。而鸾凤的主凤尾没有凤镜，雏凤的尾部只有尾稍和飘翎。

凤凰的足部包括：腿、跗和趾足。凤凰的趾足是离趾足，内趾、外趾、后趾都是分开的。

龙凤呈祥的翠雕作品可以应用于各种形制玉器的制作，寓意“龙凤”良缘，幸福绵长。

收藏龙凤题材的翡翠饰品时，不仅要选材质、看雕工，更要细细品味其中的文化内涵。一个优秀的收藏家，往往有着非常深厚的文化底蕴，这也正是收藏品与普通商品的最大区别之所在。在收藏凤题材的翡翠时，一定要看清楚最容易被忽略的凤冠、凤胆、与凤坠等部分的雕刻，如果漏掉了，从文化的角度是讲不通的，自然也就谈不上收藏了。又如原本应该雕成三根或五根的凤尾，被雕成像山鸡一样的向后弯垂的尾羽，那就更是不伦不类了。

（三）翠雕佛像

中国的玉文化与宗教自古以来就有着密不可分的联系。由于翡翠的产地缅甸是一个信奉佛教的国家，更由于翡翠盛行的区域——东方文化圈是以佛教为主要宗教信仰的地区，佛教对翡翠艺术的影响是非常大的，所以，佛教题材在翡翠艺术中占有很重要的地位。

佛像雕件与人物雕件在风格上有所不同，佛像雕件要求慈悲庄严、豁达超脱，而人物雕件的造型则以人物的常态真像为准。珠宝界的佛学人士认为翡翠贵为玉中之王，来自佛国，可以将其塑造为无声的佛陀，空道的良师；翡翠自然天成，其色不媚不俗，其音不同凡响，正是佛教精神的良好载体。佛像玉件在身，可以助人修行、养生，可宁心静气、

糯冰种观音挂件

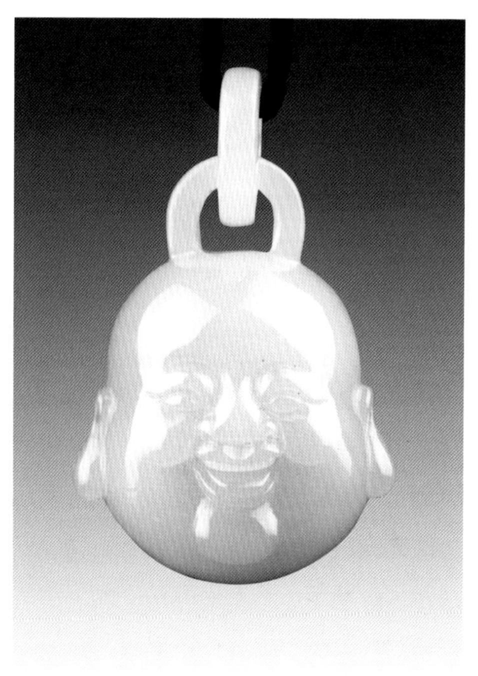
紫罗兰活环双面佛挂件

护佑平安；同时佛像玉件还是助人福慧双修，接近自然，通向静心法门的诤友。

市场上最常见的翡翠佛像雕件是观音菩萨和弥勒佛。大多数人都有一种祈盼人生福顺、安宁、康泰的心理，希望在遇到困难时能够逢凶化吉，消灾避祸；也有人常感叹做人之难，人生一世不容易，在遇到不公平、不如意的事时往往要寻求精神上的慰藉和支撑。人们认为笑口常开的弥勒佛能使人摆脱烦恼，纳福纳财，使人的心灵得到宽松和解脱。杭州灵隐寺有一副天下闻名的对联："大肚能容容天下难容之事，笑口常笑笑世上可笑之人"，从中可以体会到一种坦荡、宽广、超然的生活态度。这也是人们喜爱佩戴佛像翡翠雕件的主要原因之一。观音在人们心中有着神圣的位置。赵朴初写过一首《题观音大士》的诗，诗中说："慧眼婆心降梵天，杨枝净水洒三千。万般劫难都消尽，一步人间一白莲。"道出了观音菩萨端庄智慧、大慈大悲、救苦救难、普度众生的佛家形象，所以有人称观音菩萨为"东方的女神"。当前在珠宝消费领域内流传着"男戴观音女戴佛"的说法，这也没有特别的道理。根据佛家的精神，无论是观音菩萨还是弥勒佛，其慈悲为怀、普度众生，是针对所有人的，不分男女老少。

再说在佛家经典里没有任何一篇佛经有“男人信观音，女人信佛”的规定。所以不论男女，只要喜欢都可以戴观音，也都可以戴佛。

翡翠雕件中也有以济公和钟馗为题材的。济公被世人称为“济公活佛”，在佛教中称其为“降龙罗汉”，相传生于宋高宗时期，浙江人，俗名李心远，法名道济，有时他故意装成颠僧。幽默诙谐、洒脱超然的济公惩恶扬善、护佑协助弱者，帮助人们实现理想的故事广为传诵。钟馗虽然不是佛门中人，但民间仍将他当成神或佛加以敬奉，在翡翠市场上可经常见到用墨翠雕成的钟馗的形象。老百姓认为钟馗的形象可以镇惊、驱邪、除恶、防灾、护身，化凶为吉，给人带来好的运气。

据记载，莲花是佛的诞生之处，所以佛常常坐在莲花之上。老百姓佩戴有莲花图案的玉件，是希望能够受到佛的关照。另外与佛教有关的宝塔、香炉、木鱼、念珠等也给翡翠艺术增添了独特的造型。翡翠佛像雕件的丰富内涵，加快了翡翠走向大众、进入千家万户的步伐。

（四）翠雕福禄寿

在翡翠的雕刻图案中，出现频率最高的要算“五福”的题材了。五福，即福、禄、寿、喜、财，在中国民间是吉祥的具体化。福星、禄星、寿星、喜神、财神，在民间传说中被尊为“五福神”。

蝙蝠，因与“福”谐音便被视为吉祥之物。于是，“五福捧寿”、“福寿如意”等图纹以及许许多多蝙蝠形象的图案，在中华大地上广为流传。

“福寿双全”——基本图案为蝙蝠、寿桃、双钱。常见的福寿双全的组合有多种，如蝙蝠和篆书“寿”字及两枚古钱；蝙蝠、寿桃和两枚古钱；蝙蝠和龟及双钱；佛手、桃子和双钱等等。福为吉祥之尊，寿乃五福之首。蔡沈《尚书集传》中说：“人有寿，而后能享诸福。”

黄加绿福禄寿挂件 漯河玉之林提供

图中蝙蝠和寿桃分别表示“福”与“长寿”之意。如有双钱，即借“双全”的谐音，这种图案寓福寿两全之意。

“福禄寿”——图案为蝙蝠、铜钱、寿桃，蝙蝠即“福”，铜钱代表“禄”，寿桃为“寿”。图案也可以是葫芦与小动物，葫芦谐音“福禄”，小动物即兽，是“寿”的谐音。福禄寿是人们长期追求幸福生活而归纳总结出的人生美好幸福的三项标准。寿指长寿安康，是人们的最大心愿。世上只要人在，就一切俱在。禄指财物丰饶，地位尊贵。生活中如果能同时具备寿、禄两条，福也就尽在其中了。

太师少师把件

“禄星高照”——“禄”字有追求功利和社会地位的含义。禄是从福中分化出来的主题，《说文解字》解释说：“禄，福也。”商周时称接受爵位为福，得到君王赏赐为禄。封建社会里，官越大薪俸越多，正所谓“高官厚禄”，因此禄也有官位、俸禄的含义。“升官进爵”和“科举及第”是祈禄文化的两大主题。

官禄世袭一直为仕人所向往，“太师少师”、“五子登科”、“望子成龙”、“辈辈封侯”等图案，以不同的祈禄内涵满足人们的入仕心愿。在封建社会，官职级别直接影响经济收入和社会地位，因此职务升迁、位高权重成为官员们难以割舍的情结。三国曹魏时期颁布的九品中正制，把官职、门第均分为九品。“当朝一品”、“连升三级”、“马上封侯”、“指日高升”等图案因而广为流传，久盛不衰。在众多祈禄图案中，由于“鹿”与“禄”谐音，鹿的纹饰成为一种祈禄的经典符号。

科举是封建文人入仕的必由之路，金榜题名是读书人的梦寐以求。宋代已有“鲤鱼跃龙门”的民间传说，至明清，寓意功名利禄的吉祥玉雕题材更是盛行一时。“连中三元”、“独占鳌头”、“春风及第”等均为典型的祈禄玉雕题材。

“一路连科”——图案为一只白鹭和芦苇。白鹭又名鹭鸶，在古诗和吉祥画中常出现，为文人所喜爱。鹭也是明清时期七品文官官服上补子纹样。芦苇生成时连棵成片，取其“连科”。有的图案用莲叶和鹭,莲也取“连科”之意。旧时科举考试,称连续考中为“连科”,以“一路连科”颂祝仕途顺利，一帆风顺。

“马上封侯”——图案为猴骑马，有的还刻有蜜蜂飞舞。“猴”谐音“侯”。吉祥图案中猴多与封侯有关，如马上封侯、辈辈封侯等。古代爵位分五等：公、侯、伯、子、男，侯爵为第二等，仅次于公爵。在此指高官厚禄。大猴背小猴的图案寓意辈辈封侯。

“独占鳌头”——图案为一只仙鹤站在一只鳌上。在中国古代的神话传说里鳌是一种龙头鱼尾、力大无穷的神物，有载物补天之能。唐宋时期，皇宫台阶中间的石板上刻有龙和鳌的纹饰。凡科举中考的进士要在宫殿台阶下依次迎榜，第一名站在鳌头处。因此后世称殿试一等一甲状元为“独占鳌头”。后来也泛指第一名者。

“太师少师”——图案为一大一小两只狮子。在周代，立太师、太傅、太保为三公，太师最为尊贵。少师也是官职。西晋设太师、太傅、太保,太子少师、少傅、少保，称为三师、三少。太师少师都是辅导太子的官。图案中把大狮子

十二生肖整套摆件 许昌御翠坊提供

比为太师，把小狮子比为少师，比喻父子为官、代代为官。此组翠雕题材表现人们福荫后代的传统想法。

翡翠雕件图案的取材十分广泛，除了上述之外，还有有民间传说、历史传说、宗教故事，也有山川花木、飞禽走兽等。每件翡翠饰品，无论是挂件还是摆件，都有一定的美学意义和文化寓意，几乎都能找到传统玉文化的踪迹。翡翠雕件的文化寓意往往是通过谐音、借喻、比拟、象征等手法来表达的，这是翡翠作为玉石而与宝石的不同之所在。翡翠的收藏一定离不开中国传统文化的内涵，一定有“器以载道”的功能，也代表了人们对美好生活的期盼与展望。因此在收藏翡翠饰品的时候，必须考虑到其深邃的文化底蕴，做到心中有数。翡翠雕件的寓意通常是借助图案的内容来表达某种吉祥美好的愿望。了解、看懂图案的寓意，是既有趣又有实际意义的事。

十二、翠雕的工艺

“玉不琢，不成器。人不学，不知义。”《三字经》中通过玉之雕琢与人的学习的对比，指出璞玉无琢与人的不学无知一样不可取。《诗经·淇奥》中说：“如切如磋，如琢如磨。”切、磋、琢、磨概括了古代加工骨牙、玉石的基本方法。切，即解料，要用无齿的锯加解玉砂把玉料分开；磋，是用圆砣蘸砂浆修治；琢，是用钻、锥等工具雕琢花纹、钻孔；磨，是用精细的木片、葫芦皮、牛皮蘸珍珠砂浆加以抛光。这套治玉技术在商代已经被工匠们掌握。现今的玉雕技法，大体还是采用这几种方法。所以古代称治玉为琢玉、碾玉，而不是雕玉、刻玉。

（一）开料与切割

开料与切割是是对翡翠原石最初的加工，也是为一件玉器产品打基础的环节，不能有大的闪失。方法有片切割法、线切割法和砣切割法。

片切割法。采用大型开料机或中型油浸开料机切割翡翠大块原料，锯口较宽、深，原料损耗较大；采用中型切割机切割适合作摆件的翡翠原料，锯片较薄且有水冷却，锯口较小，原料的损失也较小；采用小型切割机切割如把玩件、牌片和坠饰等的翡翠原料，锯片薄如纸般，原料基本没有多少损失，除开料外，也常用于雕刻过程中大光面的开面。这三种横轴立轮切割机的切割，是目前国内最常见的翡翠切割方法。

线切割法。用马尾和马鬃绳充当锯条，不断加砂和水，来回往复地拉动“锯条”磨擦拉锯，慢慢地就可以把玉料剖成两片平整的玉片。良渚文化玉器表面常见到抛物线形的线锯痕迹，可能是采用此法剖玉的结果。在当时，不讲究人力、时间、劳动效率，只求通过这种持续的“以柔克刚”的毅力，达到预期的效果。这种耗时、耗力的方法，必须有大量的人力作保证。

砣切割法。砣，是利用简单的机械原理作旋转切割被加工玉器的工具。古时候，在一个水平轴上安装一个圆盘，然后将绕在轴上的带子连接在脚踏板上，治玉工匠交替踩脚踏板，旋转的轴带动被称为“砣”的圆盘转动。此时在圆盘上不断加水和金刚砂等砂类物质，就可以通过磨擦来加工玉器了。现代的翠雕工具已经全部采用电动设备，而且转速可以调整，这样在速度提高的同时，工艺的精细程度也跃上了新台阶。

（二）琢磨与雕刻

开料与切割是对翡翠原石最初的加工，琢磨雕刻才是翡翠加工过程中最重要的环节。

画活是在翡翠原料上因材施艺的重要步骤，它是指在具体的玉料上如何落实设计构思、如何用料等一系列具体的问题。玉雕师要全面掌握原材料种水、颜色、绺裂等多方面的特点，力争体现出作品独特的材质美、造型美、工艺美，凸显出每件作品的独创性。不同玉雕师的艺术素质与实践经验不同，功力也有差异，因此，在认识模糊时还要借助于二次、三次、四次的画活，凭借铅笔线所示的位置来循序渐进地完成雕刻作业。

设计好的玉坯，要依靠砣机加工。砣机的出现推动了琢玉工艺成为独立的手工艺。完善的砣机叫作“高凳”或“水凳”，以木结构、铁砣子组成。工匠用双脚踏蹬板使砣旋转，以水蘸金刚砂磨磋玉料而成型。所以说玉器不是用刀刻的，也不是用凿子錾成的。现代的砣机已改为电动铁砣粘上金刚砂胶，旋转可达每分钟几千转，它不仅解放了玉匠的双脚，也省去了抹蘸水砂的功夫，大大提高了效率，并创造出了崭新的艺术韵味。

（三）抛光与清洗

抛光是玉雕加工的最终作业，玉雕行业多习惯称之为“光活”。抛光使用的工具和磨料与琢磨时不同，一般用树脂、胶、木、布、皮、葫芦皮等制成与砣头形状类似的工具，然后将抛光剂涂抹在柔软的抛光工具上，经电机带动抛光粉抛光。抛光的方法可分为机械轮磨抛光、震机抛光、手工擦磨抛光、半机半手抛光四大类，主要根据原料的好坏、大小等因素选择。震机适用于中低档翡翠的抛光，主要用来抛圆珠、圆球、小摆件、简单的佩件等。磨料采用玛瑙、白玉或翡翠的小颗粒边角料，同时还要在抛光过程中加水、光亮剂等辅料以完成整个抛光过程。抛光之后还需用超声波清洗机将玉件清洗干净。

古代碾玉工序大体上分为12道：1. 捣砂，2. 研浆，3. 开玉，4. 扎砣，5. 冲砣，6. 磨砣，7. 掏膛，8. 上花，9. 打钻，10. 透花，11. 打眼，12. 上光。一般来说，第1道~第3道是学徒工做的；第4道~11道才是玉匠的本分；第12道则另有专业的工人去做。当然，造型简易的玉器则无须经历上述全部工序。

现代翠雕业由于使用了大量的电动设备与工具，加上金刚砂砣，加工的精度和速度已大大提高。如果不是很高档或需要很仔细构思的奇形怪状的原材料，一般的玉件是由一位玉雕师从头做到尾。现代翡翠制品制作的工艺过程，概括为“切、磋、琢、磨、光”几个阶段。

十三、翠雕的技法

（一）用色

在各种雕刻艺术中，玉雕是最难掌握的。因为玉石本身价值不菲，特别需要雕刻者根据玉材的特点精心进行造型设计，构想适合这些特点的产品形状及部位。在宋代，艺人们就创造了“巧色”的方法：在设计时注重利用玉料的天然纹理和色彩，量料取材、因材施艺、巧用色彩、避开裂纹。当代的翠雕技艺继承了“巧色玉”的优秀传统，利用翡翠的各种原色制成精美绝伦的玉件，这种绝技发展为“巧色”、“俏色”、“分色”技法。

巧色、俏色、分色是三个不同的玉

雕技法概念，玉雕行业内评价雕工利用的三个层次“一巧、二俏、三绝”，指的就是这三个概念。它们是中高档翡翠常用的雕刻技法。巧色是巧妙地运用颜色，俏色是在巧色的基础上将颜色的鲜艳之处突出出来，分色则是指在俏色的基础上把不同的颜色部分严格地区分开来，不拖泥带水。

古时候玉雕师们常用的巧色工艺，是指在玉器制作的过程中，尽可能地保留原石上的颜色，而且尽量将它们巧妙地运用在雕刻的题材中，使其不但不成为瑕疵，反而能使制成的玉器独具特点而更加生动起来。

随着工艺技术的发展以及人们审美能力的提高，在巧色的基础上又进一步形成了俏色的玉雕技法。俏色超越巧色之处在于不仅把原石鲜艳的颜色保留并运用于雕刻题材中，更要将其鲜艳之处活灵活现地展示出来，使它成为整件玉器的抢眼之处，起到画龙点睛的作用。

分色是最近几年才逐渐被人们关注的。在俏色的基础上，将不同颜色的部位清晰地分开，这对翡翠来说是非常不容易的。因为翡翠的颜色形成与过渡往往是渐变的，这要求玉雕师不但要雕刻技艺精湛，更要对翡翠原石的各方面特性非常熟悉而且勇于尝试。行内有句老话叫“神仙难断寸玉”，要想了解翡翠

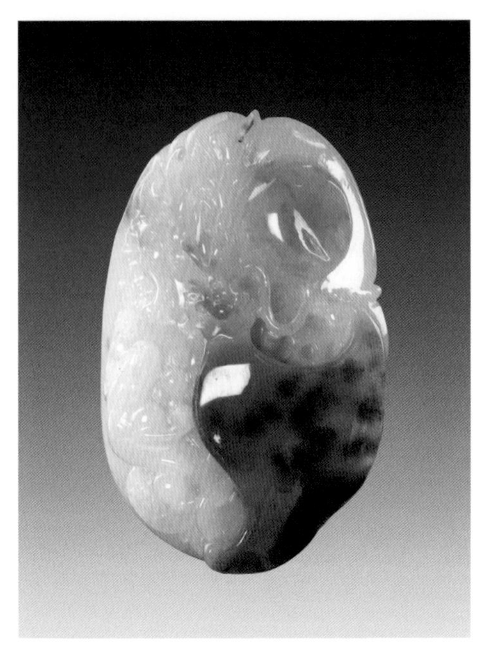

俏色苍龙吐火把件

俏色如意貔貅把件

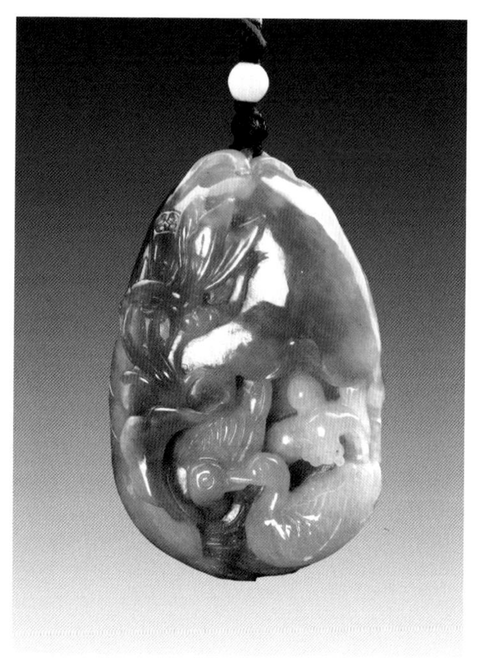
俏色鸳鸯戏水把件

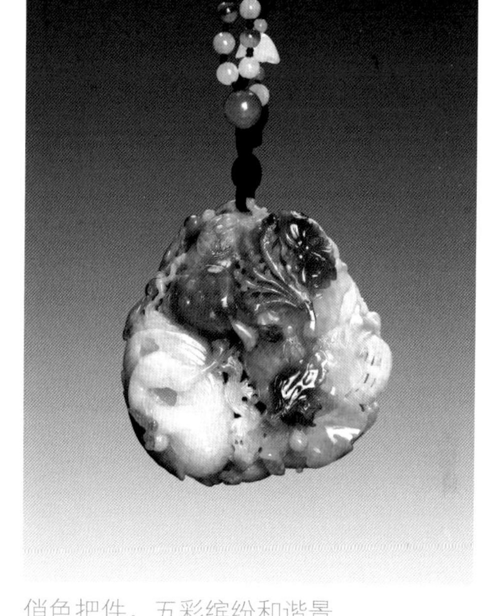
俏色把件，五彩缤纷和谐景

原石颜色变化的趋势谈何容易。因此，分色已经成为一件优质翠雕作品的重要评价标准之一。

翡翠雕刻时的俏色还有另外一种，行内称为“嵌宝”。这个概念有些类似“镶嵌宝石”的意思。它是利用天然翡翠的颜色，只留下其中很小一部分并尽可能地使其凸出来，雕刻为成品后，给人的感觉就像是在翡翠雕件上面镶嵌了一块彩色宝石一样。这种特殊的俏色就是嵌宝。还有一种“压丝嵌宝”技术，它是在翡翠制品上浅刻槽线，然后将金银丝用小锤敲入槽内而在玉石表面组成图案。金银丝与翡翠同处于一个平面上，出现玉的金银交错的效果称为压丝。在翡翠上压金银丝、嵌宝石，称为压丝嵌宝。

翡翠雕刻所耗费的心思不仅仅体现在玉色利用上，雕刻中不断发现和弥补瑕疵的过程更需要随机应变，灵活处置，行话叫作“剜脏遮绺”。现代翠雕工艺中将“剜脏遮绺”改为更加通俗的说法，叫“压棉避绺”。意思是说遇到棉时只要能将其去掉不惜将原材料做得凹陷下去很多也要压棉。古代流传至今的“游丝毛雕”的技法用于压棉再合适不过了。翡翠容易生有绺裂，雕刻过程中遇到绺裂一定要尽量避开，还可以做雕花处理，

把绺裂遮掩住 ，即所谓“无绺不做花”。古时候也称之为“巧作”。

（二）刀工

浮雕是翡翠雕刻最常见的方法。它是在在平面或弧面的翠料表面上，对本来是立体的人物、动物、山水、花卉等形象采用了压缩体积的方法，保持本来的长宽比例关系来表现艺术形象。雕刻者运用凸凹面的不同形象，受光后所形成的明暗幻觉和各种透视变化来表现空间感和立体感，从而使浮雕在表现上更接近绘画的方式。因此可以说浮雕是一种介于绘画和圆雕之间的艺术表现形式，在题材的选择、形象的刻画和工艺技法上形成了自己的特点。

浮雕又可分为浅浮雕、中浮雕和深浮雕。

浅浮雕　一般是把形象轮廓之外的空白部分均匀地去掉一层，使形象略微凸起。人们之所以称其为浅浮雕，就是其形象的厚度很小。薄意雕的深度比浅浮雕更浅，“薄意”是取其薄如纸之意。

中浮雕　形象的轮廓用减地法做出，但形象凸起较高，并且因自身结构关系呈现出较强的高低起伏。

深浮雕　形象的厚度与圆雕相同或略薄一些，形象有较强烈的高低起伏。如果不是与形象的后面与背景相连，几乎可以当作圆雕来对待。在实际中，深浮雕又常与浅浮雕或中浮雕一起运用，使前景、中景、远景的空间立体关系得到充分表现。

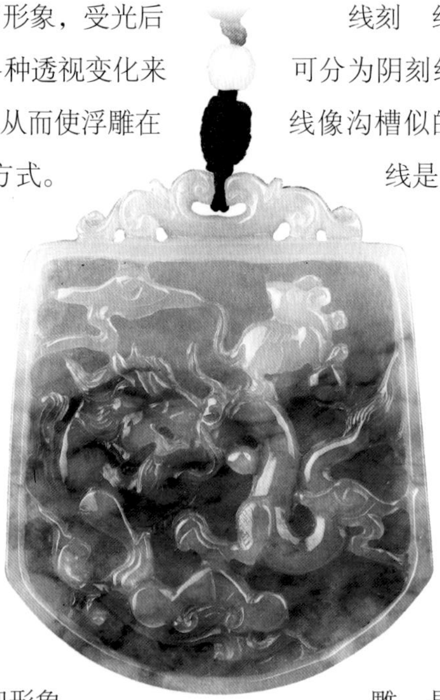

浮雕翡翠牌饰

线刻　线刻是用线来表现形象。可分为阴刻线和阳刻线两种：阴刻线像沟槽似的，线低于平面；阳刻线是凸起的棱线，但其最高点仍与平面相同。

双勾浅轧　其工艺方法是，先在玉器上勾出两条平行线，然后用轧砣浅轧线外部位，从而形成凸起的棱线。商代的玉器上即已运用此工艺。

透雕　又叫镂空雕，是在浮雕的基础上把某些背景部位镂空，使形象的影像轮廓更加鲜明，体现出玲珑剔透的工艺效果。

立体雕　是深浮雕技法的发展。一般浮雕都在平面或弧面玉料上进行，而立体雕可以用于任何形状的玉料。

在雕刻中使用的是深浮雕的工艺方法，形成了“丈山尺树，寸马分人”的造型特点。玉雕中的山子雕法就是典型的立体雕。

打麻点　打麻点也称打麻地，是在翡翠的表面上打上许多圆形的小圆坑，以增加表面粗糙的视觉效果，很多时候用于把玩件、小摆件的制作上，例如用于荷叶和其他植物的叶上。打麻点还是一种很好的压棉的方法，在翡翠表面有棉的地方，可以通过打麻点的凹坑把棉打掉。

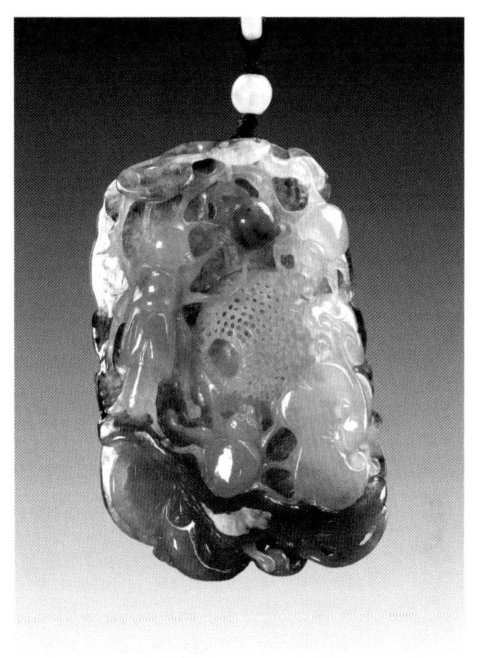

镂雕富甲天下挂件

镂空雕草虫瓜果摆件

立体雕松鹤延年山子

十四、传统的翠饰

（一）翡翠手镯

手镯起源于新石器时代末期的玉礼器——玉璧与玉琮。扁形手镯源于玉璧和玉琮的变形玉器，如玉瑗、玉环。

手镯的形制是随着时代的发展渐渐变化的。最早的手镯是圆形的而且光素无纹，手镯玉体的横断面也是近似圆形的，行话称“圆条”手镯。这种手镯美观大方。当然圆条手镯也有不足之处，就是它要耗费较多的原料，而且由于内径是弧面的，戴在手腕上容易硌手。慢慢的翡翠商人想出了一个好办法，既节省原材料，又可以舒适佩戴，就是把圆形翡翠手镯内径的弧度加大，手镯的内面就像平的一样，这样佩戴起来就不会硌手了。这种手镯行话称为“扁口”。扁口手镯虽然流行至今不过很短时间，但目前已占到市场90%以上的份额。由于手镯耗费翡翠原料，有的原材料雕磨成标准的圆形手镯非常勉强，即便做成了也可能由于内径太小而不适于佩戴。翡翠商人们又想出了第三种翡翠手镯的样式。新款式一改传统的造型，采用椭圆的形状。这样做的最大好处就是大大节省了原材料。如果按标准圆形手镯的直径不够的话可以将手镯做扁一些，这样就可以保证在不影响佩戴的同时达到节省原料的目的。因为在实践中往往是原材料不够，才考虑椭圆形造型的，因此

圆条形翡翠手镯

独山玉圆条手镯

翡翠扁口手镯

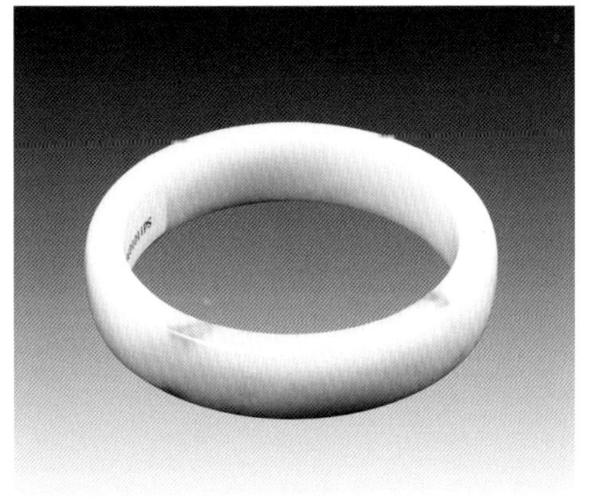
翡翠扁方条手镯

手镯的圈口不会太大，价格也就相对便宜一些。这种手镯在行内称之为“贵妃镯”，也是目前比较流行的一种款式。许多手腕较细的年轻女性非常青睐这种手镯。翡翠的圆条手镯的佩戴效果最优，价值也是最高的，在国内外著名的拍卖会上出现的基本都是这种类型；扁口手镯的佩戴舒适性最优，也最流行；贵妃镯主要是制作成一些小圈口的以满足手腕比较细的消费者；市场上偶尔也能见到一种横断面呈扁方形的手镯，这种手镯有一种古朴的味道。如果从收藏价值来讲，还要属圆条手镯最具潜力。

（二）翡翠耳环

耳环起源于新石器末期的玉玦。玉玦是较早出现的玉器品种之一，在内蒙、辽宁一带的查海文化、兴隆洼文化，长江下游地区的马家滨文化、良渚文化及河姆渡文化遗址中，都发现很多此类玉玦，而且在朝鲜、日本等周边国家和我国台湾地区也多有发现。古代称圆形有缺口的玉器为“玦”。《广雅》中说：“玦如环，缺而不连。”这是古人对玉玦形态的描述。

由于制作工具的匮乏和制作工艺的落后，古代玉玦作为耳饰，是将耳垂直接插入玉玦的缺口佩戴的。随着物质生活质量的提高和精神生活品位的提升，为了佩戴的舒适与最佳的佩戴效果，近代的翡翠耳环大多是用贵金属经过繁杂的工艺镶嵌出来的。

（三）翡翠扳指

玉扳指起源很早，在商代的妇好墓就出土过斜筒状的实用扳指，它本来是套在右手拇指上，用来拉弓射箭的。玉扳指在清朝贵族中很流行。宫廷造办处

扳指（独山玉）

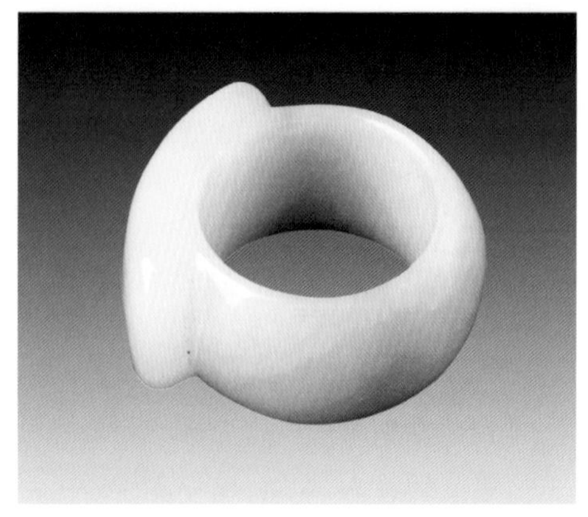
翡翠马鞍戒

制作的玉扳指非常精美，扳指外围多雕琢成浮雕纹饰或者诗文、山水画等。清代以后的扳指主要成为一种饰品，但佩饰扳指和实用扳指形式上没有多大区别。清代的扳指大多用优质翡翠原料制成，市场或拍卖会上偶尔见到，也是价格惊人，普通人很难有收藏的能力。

（四）翡翠马鞍戒

翡翠马鞍戒一般为男款，之所以称为马鞍戒，是因为整个戒指的外形看上去很像马鞍子。它本来是用整块翡翠雕成的，因为优质翡翠原料的匮乏，后来也采用贵金属镶嵌的形式，即用黄金或白金做成戒托，在上面镶嵌一长条形弧面翡翠戒面。随着时代的发展以及西方宝石文化在国内的传播，现代各类翡翠首饰已经广泛地应用贵金属镶嵌的“玉石加宝石”模式。

钻镶紫罗兰马鞍戒指 许昌御翠坊提供

（五）翡翠发簪

翡翠发簪是古代玉簪的一种发展形式。现代的人们很少使用类似传统形式的发簪，所以翡翠发簪已经渐渐失去了玉簪的实用功能，进而转变为一种陈设、把玩与收藏的器物了。翡翠发簪常采用种水很好的原材料雕琢而成。种水好意味着质地好，因为发簪都需要制成细长的形状，如果原材料质地很差，美观的问题尚居其次，结实的问题可就首当其冲了。一旦原料再有裂隙出现，不用等到佩戴和把玩，在雕琢的时候就很可能断掉了。因此首先必须保证翡翠发簪原材料的质量。再者，翡翠发簪使用糯化种或冰种、玻璃种，那么在小巧的发簪上，翡翠晶莹剔透、温润以泽的质感必将显露无疑。

（六）翡翠步摇与胸饰

中国古代妇女常以步摇插于鬓发之侧以作装饰，就是用金属针系上玉坠、玉花饰，插在头发上作装饰用，同时也有固定头发的作用。汉代以后中国妇女常用的一种发饰。插步摇的人多为身份高贵的妇女，因此步摇所用的材质高贵，制作精美，造型漂亮。步摇的制作工艺复杂，能充分体现出金银首饰加工制作水平。同时人们也可以由此推断出当时理想的妇女形象。古书中说："步摇，上有垂珠，步则动摇也。"现代妇女已经不再使用步摇作头饰、发饰，而更多的采用耳坠、耳线等首饰装扮自己，与步摇的异曲同工之处即在"步则动摇"。此外还常用翡翠胸针、胸花等胸饰。这些胸饰往往以顶级的小颗粒翡翠原料群镶而成，也正因为如此，翡翠胸饰的款式多样、变化多端，而且能够借鉴西方珠宝首饰的设计风格和镶嵌制作工艺。

（七）翡翠牌饰

牌饰属于平面艺术的一种表现形式，起源于西周。它不同于一般的线刻平面图案，而是集浮雕、圆雕、线刻、镂雕等多种技法于一身的艺术作品。牌饰的纹饰题材十分广泛，有人物、动物、

翡翠步摇

植物和仿古神兽等，以镂雕复合图案最为精美、珍贵，有很高的收藏价值。其价值受雕刻工艺的精细程度和题材的繁简等因素决定。

明代晚期著名的玉雕大师陆子刚是中国古代玉雕师的典范。陆子刚为江南吴门人，是明嘉靖、万历年间活跃于苏州的著名玉雕艺术家，也是中国玉雕史上最负盛名的艺术大师。子刚一改明代玉器陈腐俗气，以高超的玉雕技法，将印章、书法、绘画艺术融入玉雕艺术中，把中国玉雕艺术提高到一个新的艺术境界。子刚所制玉挂件，为方形或长方形，犹如牌子，世人称“子刚牌”。子刚牌艺冠群玉之上，当时和后世竞相模仿，连落款也署名子刚，以至于这种形制的玉雕挂件被人们统称为“子刚牌”。在蔚为大观的中国古玉雕件中，以作者名字命名的玉雕形式，大概只有子刚牌。

清代以前，子刚牌都是用和田玉制作的，翡翠传入我国以后，翡翠子刚牌开始出现。在玉雕行业中子刚牌的做工是最难的。其费工之处就在于正面的图案与背面的诗文都是凸出起来的阳文，而底子是凹下去的。子刚牌的做工在行业内称为“砣底”，就是用圆形的砣把底砣成长方形，而且还要留出需要留出的凸起的图案。翡翠子刚牌选用的原料不能特别好，一是一般不用满绿的原料，这是因为在满绿的材料上做过多的细工会大大损伤原料，行话称为“伤料”。对于十分珍贵的满绿翡翠原料来讲，雕刻子刚牌是不合算的。二是不用种分太好、透明度很高的材料，因为如果种分很好是玻璃种的话，材料很透明，而子刚牌正反两面要分别雕刻图案与诗文，会透过翡翠彼此影响，反而使观赏效果大打折扣。

翡翠子刚牌造型规整，古雅精致。立雕、镂雕多用于动物一类器形；剔地阳文和浅浮雕多用在山水人物、花鸟虫鱼和铭文诗词中；隐线刻文则用在各种纹饰和细部，如锦文、动物的毛发、眼睛、人物的衣饰等。子刚牌背面的铭文诗句，既有本人所撰，也有摘录名人诗句，常见的是四言、五言诗居多。

（八）翡翠带饰

玉带饰指的是用玉做的带钩、带扣、带板等束带用玉。

玉带钩是古玉中源流最为清楚的古器之一，从良渚文化至清代没有中断过。周至汉期间的玉带钩形式较多，钩首多作龙、虎、马、鹅等形状，除束腰外，玉带钩也用于服饰之间的联络。元明清时期，玉带钩形体较大，以龙钩最具特色，装饰味最浓。

翡翠带钩是近几年翡翠市场上常见

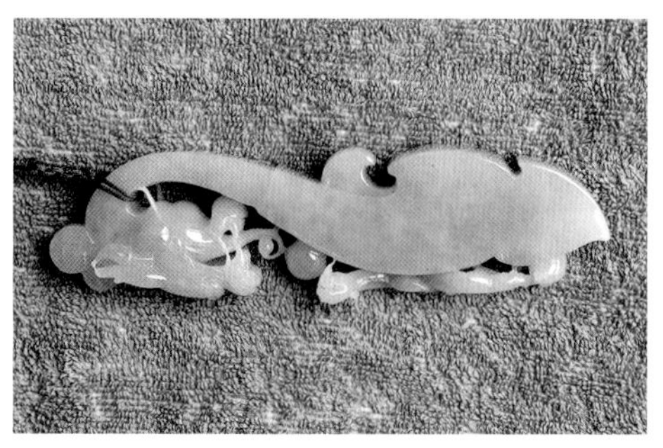
紫罗兰翡翠带钩

的装饰品，其雕刻的形制即采用古代玉带钩的款式，但完全丧失了古代玉带钩的功能，所以严格地讲现代的翡翠带钩只能算是坠饰，供佩戴把玩用，而不能称为带饰或带钩了。翡翠带钩的选料尽量采用糯化种或冰种的原材料，因为在雕刻时仿照古代的玉带钩的形制，常使用镂雕的技法，而且上面要雕刻纹饰，所以对原料质地的要求有所放松。比如有一些绺裂或棉的原料在雕刻过程中可以避开或做掉，而只留下质地好的材料。这种工艺在玉雕行业内称为“避绺”和“压棉”。翡翠带钩上雕刻的图案大多是螭，借用这种中国传统文化中的神兽三角头、分岔尾的可爱造型，表达人们对生活美满幸福的憧憬。还有一种题材叫“望子成龙”，也常出现在翡翠带钩上。带钩的钩首是一只大的龙头，带身雕一只小螭抬头望着龙头，取神话中“螭为龙子未成龙”的寓意而取名“望子成龙”，这个题材还可以叫作“苍龙教子”。它造型生动活泼，寓意符合中国传统，是收藏者会考虑的一个文化因素。

十五、常见的翠雕

（一）翡翠挂件

挂件是最为常见的翡翠饰品，它的形式和题材非常广泛，用材高中低档都有，适合不同年龄、不同身份的人在不同场合佩戴。挂件又叫花件、坠饰，传统也十分悠久。它可以垂挂在服饰上，也可以作为单体佩戴在脖颈上。挂件的体积较小，雕琢精美，小巧可爱。唐宋时期流行的玉坠饰，琢工简洁明快、风格简约粗犷；宋至明代，玉坠饰多以人

连年有余挂件

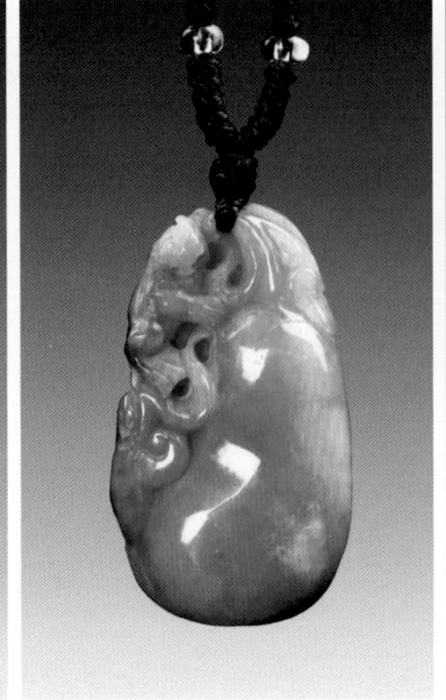
艳绿瓜瓞绵绵挂件

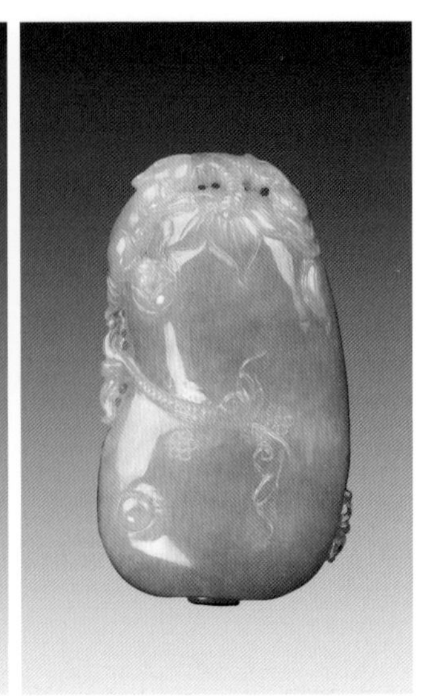
江水绿瓜瓞绵绵挂件

物、动物、瓜果等实物为题材；清代开始，玉坠以翡翠坠饰为主，雕刻的题材更加广泛。

翡翠人物坠中最多的是童子、观音和佛像坠，翡翠动物坠中以貔貅、龙凤以及十二生肖最常见，植物瓜果坠则有葫芦、佛手、寿桃、扁豆、松、竹、梅、兰、莲、灵芝、人参等等。翡翠挂件上的题材多是复合的，表达出传统文化中的吉祥祝福之意。

（二）翡翠把件

把件也被称为手把件、把玩件，顾名思义是用来拿在手里把玩的。玉器刚刚雕琢完毕之后其雕刻的痕迹会比较明显，行内常把这种新玉器与新出土的玉器称为“生坑”。“生坑”的玉器经过长时间的把玩，会变得更加圆润光滑，并且在玉件表面形成一层行内所称的“包浆”。这个过程就称为“把玩”或者“盘”。经过盘熟的玉件表面光泽会有很大提高，玉石的温润也更加明显地体现出来。这种玉器称为“熟坑”。玉石是天地精华、万物造化的宠儿，所以才有晶莹润泽的美丽。既然称为把件、玩件，自然要在收藏者手里不断地把玩磨搓，因此所有的把玩件体积大小需适合在手中磨搓，还要有一些凸出或浑圆的棱角，才会使得它们在把玩的过程中能明显地引起手的

触觉，有的时候甚至还可以有按摩穴位的功效。

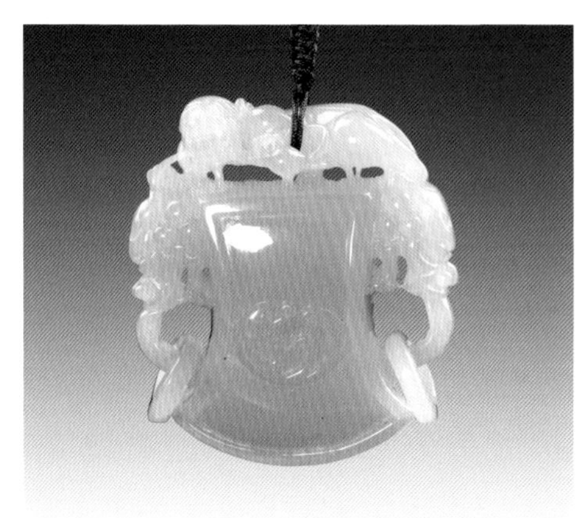
钺形把件

（三）翡翠摆件

摆件指能够摆放在几案、桌子上的一种玉雕件。摆件通常会选取自然山水等景观作为雕刻的题材，也会选择人们耳熟能详的神话故事等作为内容。在摆件下面常要配托，有的用根雕，有的用定制的木托，摆件的雕刻工艺是所有形式的翡翠制品中最为复杂的，常可以达到无巧不施、无工不精的境地。

福寿双全镂空把件

（四）翡翠山子

山子是置于案头或室内供观赏陈设的摆件，多用较大的整块玉料雕成，在保留原始材料整体外形的前提下，用叠洼的技法，雕琢具有一定含义的图案。由于制成后器形似一座小山，故名山子。山子是大型的玉摆件，在古时候称为重器，最早见于唐代，至宋元时期成为常见的玉雕品种。山子通常表现山水、人物动物树木等自然景观与人物景观。玉山子的雕琢运用技法较为全面，镂雕、圆雕、浮雕、线雕结合使用，具有较高的艺术性。山子有生动的题材、完整的主题及诗化的意境，通过概括而简约的手法和表现技巧，体现优美的想象，构成一个统一完整的艺

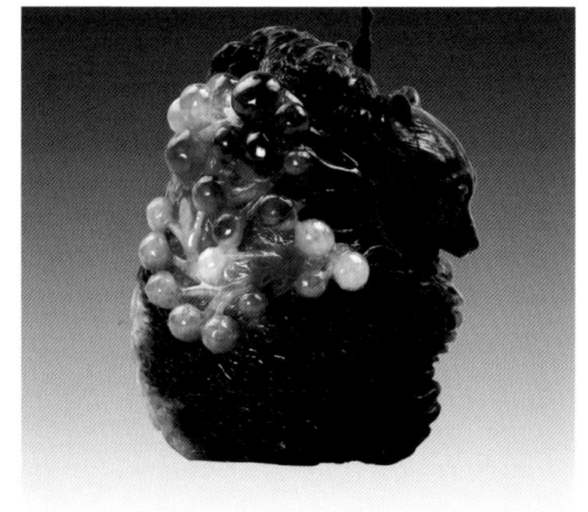
墨翠母子情深把件

花鸟摆件 河南漯河金玉满堂提供

术形象。制作恢宏豪气的翡翠山子是非常难得的，这是因为大型的翡翠材料极少，用中高档原料做大型山子一般是不可能的，只能采用质量较差的山料翡翠。但山子雕刻又非常费工，所以较差的原料与较高的雕刻工艺很难达到统一。加上翡翠山子的加工周期十分漫长，成本很高，普通商家承受不起，因此完美的翡翠山子在市场上难得一见。

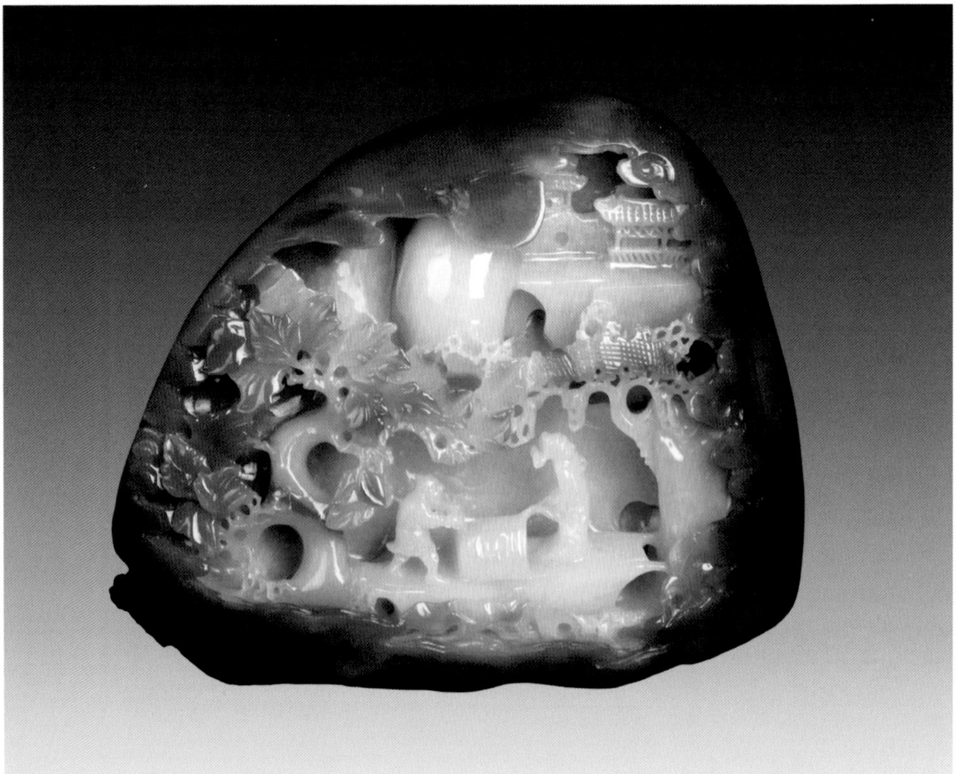

行舟图山子

翡翠鉴赏篇

一片冰心在玉壶

玉器的类型可分为：器皿、山子、摆件、屏板、文房用具、实用器、挂件、把玩件、珠串首饰等，这一件藏品却可以分别归于几个类型。

这是一把翡翠玉壶。它高 63 毫米，宽 85 毫米，壶径 55 毫米，形似元宝。壶柄与流（即壶嘴）之间以弧线相连，把壶体包在中间。壶柄是番莲枝造型，壶流与壶身一体，仅在其外缘处雕出小小的圆钩。在壶柄、壶流之下，以高浮雕手法分别饰以番莲枝，枝上各套一个直径 15 毫米的活环，壶口置一圆珠形壶盖。整体造型极为别致。

玉壶归类于器皿，此类玉器还包括炉、鼎、瓶、盘等。其下配有木座，摆在案头或置于架上，可供观赏；此壶小巧玲珑，赏心悦目，宜于把玩，又可归类于把玩件；把壶盖拿掉，则变成了文房用具中的水注；当然，用它来斟茶品

酒，那是再雅致不过了，因此也算是一件实用器。

玉壶的制作难度极大，费工费料费时，还需要高超的技艺，因此，历来价值高昂。最难的是“掏膛”，要在整块的玉料上一点一点地琢出内腔，还要把壶壁尽可能雕得很薄，稍不留心就可能废掉。清代乾隆、嘉庆时期，新疆当地官员和部落首领进献给皇宫的“痕都斯坦玉器”有一种“水上漂”的琢玉工艺，制成的玉器可以浮在水面上。“痕都斯坦”是建立于1526-1858年的莫卧儿帝国，其疆域包括今天印度北部、巴基斯坦和阿富汗东部。痕都斯坦玉器很为清代宫廷所重，乾隆皇帝曾多次作诗赞誉。纪晓岚《阅微草堂笔记》也有记载“今琢玉之巧，以痕都斯坦为第一”。此壶制作的另一难点是活环，这种工艺是在一块玉料上沿着主体慢慢在周围琢出活动的环，然后修圆磨光，有一点闪失即功亏一篑。

这件翡翠作品用料应在1公斤以上，玉质晶莹，颜色淡绿，构思奇巧，制作技艺高超，意境清雅，极好地体现了冰清玉洁的主题。估价3万多元。

玉壶历来为雅士所珍爱，皆因其蕴含了浓浓的文人情怀。唐人王昌龄有七绝诗《芙蓉楼送辛渐》：“寒雨连江夜入吴，平明送客楚山孤。洛阳亲友如相问，一片冰心在玉壶。”其传唱千年不衰，也正是这个道理。

香囊原是翡翠雕

香囊本来是旧时女性的用品，一般为绣制而成，内装香料，佩在腰间。现今过端午节时，不少人家还会给孩子们佩戴香囊，里面装上香料以免毒虫叮咬。

记得20世纪七八十年代在成都，每年五月玉兰花开时，店铺里会有玉兰花卖。女孩子们买来含苞欲放的花蕾挂在项间，离老远就让人嗅到一股清香。佩戴玉兰花与香囊是一样的功用。离开四川多年，不知成都肆中如今可还有这般景致？

两年多前，笔者一家翡翠店里发现两件上眼的把玩件，其中一件就是翡翠香囊。好在两件东西要价还算合适，很快生意成交。

这件香囊长70毫米，宽46毫米，大小正好握在掌中，雕工精细，主体作成鱼篓，内部全部挖空，篓上的竹篾每根不过牙签宽窄，相互交织，上下有序叠压，并留有网眼，顶端和底部各有一个直径8毫米的圆孔，鱼篓外壁上是两条非常灵动的金鱼。鱼篓部分呈淡淡的紫色，虽不算通透却十分细腻，而带翠的部分则十分通透，面积约为40毫米

正面

侧面

×30 毫米，翠色饱满明亮。绿色的莲叶与荷花凸显于鱼篓之上和两条金鱼之间，分外抢眼。整件作品形态自然，手感舒服。在笔者看来，这应该是一位大家的作品。不过翡翠雕件一般不留名姓，究竟是何人所作也就不得知了。

这件东西有多重的吉祥寓意：两条金鱼寓意“金玉满堂”，莲花荷叶则为“一品清廉”，鱼与莲在一起即是“连年有余”之意。“鱼”是财富象征，在鱼篓上还雕有两枚钱币，鱼篓当然是装满财富的意思了。

这个把件还有很好的实用功能。笔者把上下两孔用两颗玉珠堵上，两珠之间以弹筋相连，内装茉莉花，随身携带，可谓清新怡神。随季节变换，亦可换入桂花、米兰等物，甚至可以装入急救药物以防不测。两年多来香囊如影随形，委实增添了许多乐趣。尽管不少友人相索，终究不忍割爱。

此件作为投资也颇为划算，以目前市价，没有 4 万多元恐怕是买不到手的。

苦瓜也能上玉雕

在前文中提到，笔者曾在一家玉器店里一次淘到两件翡翠把玩件，下面就说说另一件。

瓜果坠在玉器里是很常见的，它通常的文化含义是“瓜瓞绵绵”，表示子孙繁衍不绝、福寿绵长的意思。至于要雕刻成何种瓜果，没有具体的限制。如果是黄瓜，还有“飞黄腾达”之意。再如佛手瓜，即是“福寿双全”。这件手把件把苦瓜作为主体倒是不多见，笔者想应是“苦尽甘来”之意，因为玉文化的吉祥寓意，大多是以谐音表达的。当然，也有一些瓜果表达的寓意和它的读音没有关系，而是体现了象征意义，比如:石榴表示“多子”，桃子代表“多寿”等等。此件不只雕了苦瓜，在苦瓜一侧还雕刻了一条螭龙，在藤蔓上连上了如意及一串金钱。取螭龙的“龙”和如意的“意”之读音，即是“生意兴隆”的意思。因此，这个翡翠雕件就有了多重文化含义：瓜瓞绵绵、苦尽甘来、生意兴隆。

再看雕工。上面运用了圆雕、浮雕、镂雕等多种技法，苦瓜表面布满大大小小逼真的疙瘩，藤蔓叶片精细，线条流畅，瓜蔓与瓜体之间镂空处理，灵动剔透，最细处仅有缝衣针般粗细。螭龙身呈“S”状，与苦瓜等长。整个雕件长80毫米，宽38毫米，断面略呈扁圆，极适合握在掌中把玩，特别是苦瓜表面凹凸的疙瘩，把玩起来可以对人手掌上的穴位起到很好的按摩作用。

此件的种水也是上乘的，颗粒细密，较为通透，是比较典型的“糯冰种”，底子也比较干净，几乎看不出杂质和瑕疵，地张白净略显淡紫，几处菠菜绿飘花，更增加了其整体美感。

当时买入价不过万元，此时应该有50%左右的涨幅了。

鱼跃龙门化作龙

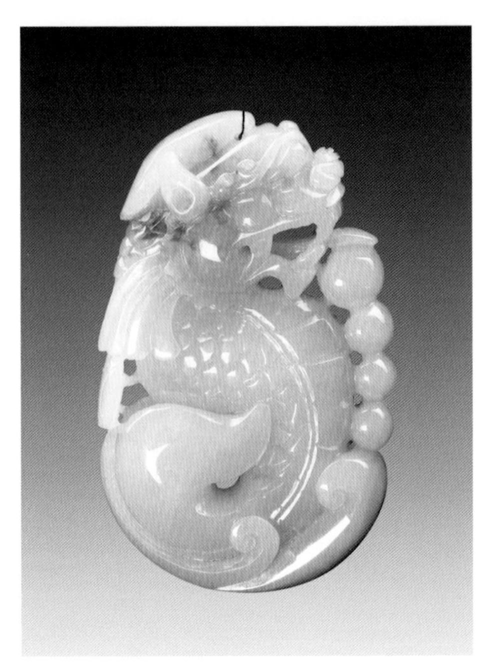

龙头鱼身的龙，是一种“龙鱼互变”的形式，其历史渊源悠久，可追溯到史前仰韶文化半坡类型时期的鱼图腾崇拜。《大荒西经》有“风道北来，天乃大水泉，蛇乃化为鱼”。这是鱼龙互变的早期过渡形态。龙就是神化的蛇虫，《海外南经》云：“虫为蛇，蛇号为鱼。”《说苑》中有“昔日白龙下清冷之渊化为鱼”的记载，《长安谣》说的“东海大鱼化为龙”和民间流传的鲤鱼跳过龙门，均讲述了龙鱼互变的关系。龙首鱼身的造型早在商代晚期便在玉雕中出现。

这件翡翠把件即为“鱼化龙”。长85毫米，宽55毫米，厚21毫米，重159克，龙首昂扬，鱼尾上翘，气宇轩昂。龙口及鱼尾、鱼身等处采取镂雕、透雕手法，雕工还算上乘。题材单一，主体突出，仅在鱼身下面以写意之法雕刻了水花水珠。质地属糯米种，不见瑕疵。通体淡紫，龙头部分略有蓝绿色飘花，可以归于“春带彩”(翡翠的紫色称“春”，绿色为“彩”)。

所谓“种”，是行内人对翡翠质地分级的叫法，以生活里常见的物品来指代。最好的种是“玻璃种”，次之为“冰种”、“糯化种”。笔者曾经撰文，介绍过用比较简单的方法来识别这三种上等翡翠：把厚约4毫米的无色翡翠置于报纸上，如果透过翡翠能够清楚地看出内文字迹，就是玻璃种；能辨出字体之间的间隔，可定为冰种；能看出有字但分不出个儿来，便是糯化种了。糯化种之内可再细分为“糯冰种”、“糯化种”、“糯米种”，它们之中透明度和结晶颗粒的大小略有差异。

“鱼化龙”亦名“鱼龙变化”。鱼化为龙，古喻金榜题名。《封氏闻见记》卷二：“故当代以进士登科为登龙门。”李白《与韩荆州书》：“一登龙门，便身价百倍。”《琵琶记·南浦嘱别》：“孩儿出去在今日中，爹爹妈妈来相送，但愿得鱼化龙，青云直上。”寓意高升昌盛。当今一般比喻人生命运发生大的好转或进步。因此也是一种非常吉祥的寓意。

记得买下的时候不过花了几千块钱，眼下万元出头是没有问题的。

“节节高升”意不俗

竹子在玉雕中一般表示“节节高升”的寓意，不仅指事业、人生际遇，也指生活状况。这件以竹子为主体的把玩件另有新意。

此件藏品为淡绿色糯冰种翡翠雕成，长80毫米，宽48毫米，重166克。主要部分是一段竹节，雕的形态自然生动。一只几乎与竹子等长的蝉附在一侧，刻画十分精细，蝉翼透薄。竹子另一侧则雕上了灵芝和兰草，也是生意盎然。当然，说此件的寓意为“节节高升”、“一鸣惊人”是不会错的，这是竹和蝉在传统玉文化里规范的含义。但笔者以为，这件东西还有另外的含义。

在中国文人的笔下，竹向来是人格的写照，它高节虚心、宁折不屈，素有君子之风。蝉亦是高洁的象征，唐人虞世南有诗咏之：“垂緌饮清露，流响出疏桐，居高声自远，非是藉秋风。”它吃的是清洁的露水，身居高处而声音远播，并不凭借秋风的力量。诗人实际上也是以此比喻高洁的人品。兰，深处幽谷而暗香清雅，历来为人们所珍爱。灵芝则是生长千年之神草，置身仙境，弥足珍贵。把这几种元素集合在一件玉雕上，玉本身又是君子的象征，其中的含义不言而喻。正是因为它具备了清雅高洁、超凡脱俗的意境，才得以进入笔者的收藏，乃至常置于案头，时时把玩。

此件属于翡翠中的“糯冰种”，比起前文中“糯米种”的“鱼化龙”，种水自然要好一些。“糯米种”、“糯化种”、“糯冰种”属于一大类，“糯冰种”的透明度更高一些，接近但又达不到冰种，

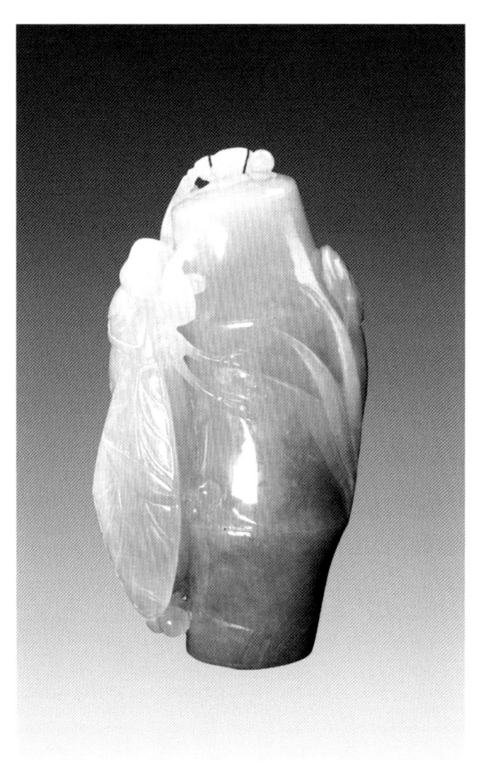

结晶组织的颗粒也更细腻一些，价格自然也要高出不少。此件市场价格在 2 万元左右。

这件器物的雕工也很好。竹节向内略呈弯曲状，似有迎风挺立之感，节节相连之处以工笔手法雕出了几片老皮，竹干之上，鸣蝉周边，很自然地雕出十数点露珠，晶莹欲滴，更是点明了“蝉饮清露”之意象。另外，淡淡青绿的色泽和冰感的质地更恰如其分地契合了作品的主题。

巧用皮色造神奇

大多数翡翠原料都有皮，翡翠的皮是由原石搬运过程的风化作用形成的。皮壳的颜色有：黑、灰、黄、褐、白等。皮色的形成是两种地质作用的综合，即由翡翠外部氧化作用使铁的氧化物渗透到翡翠皮面中，再与翡翠的皮表下的杂质元素相互作用后的结果。

技艺高超的玉雕师们有时会巧妙地利用皮壳上漂亮的色彩，构思制作出精美的作品。此件的质地为糯冰种，上下长 67 毫米，宽 50 毫米，125 克重。外表是黄腊皮，内部则是很干净的淡油青色。制作者利用淡青色将主体雕成龙头鱼身的“鱼化龙”。龙嘴之下借红褐色的皮色雕作长长的火舌，从身体下方绕过，又从另一侧向上卷起，可谓别出心裁。两种颜色之间分界清清楚楚，算得是上乘的俏色雕刻技法。从这件雕件的形态看，应该是用一小块老坑翡翠原石整体雕刻而成。

鱼化龙的含义，笔者已经在其他篇章提及，这里不再赘述。不过这件东西的文化内涵要丰富得多：与龙头平行之处，另以褐红色雕作一片祥云，有“鸿运当头”之说；龙头之上伏一龟状动物，在这里应该把它看作“鳌”了，意思是“独占鳌头”；此外，左下侧翡皮上刻有行书“福寿”二字，旁边相连一小如意，“福寿如意”之意就很明白了。这样，一件不大的把件上，总共蕴含了“鱼龙变化”、“鸿运当头”、“独占鳌头”、“福寿如意”四种寓意。把件的背面，以流畅的线条雕成花叶，而鱼化龙的尾巴很生动地从下方卷出来，整体构思确实奇妙。

此件两年前得自著名的玉器集散地——南阳石佛寺镇，目前市场价位约在 1.8 万元上下。顺便说一下：目前全国共有四个比较大的玉器集散地，北方只有一个，另外三个都在广东，分别是：揭阳的阳美村、肇庆的四会镇、南海的平洲镇。

意外淘得翠白菜

收藏要靠眼力，有时还要看缘分。这件绿得让人心动的翡翠白菜，真是得来全不费工夫。

2010 年农历腊月一天下午，外地的一位战友打来电话，说是儿子新房里要摆放一件玉雕的青龙，春节之前一定帮他买到。笔者即刻驱车赶往南阳，在一家店铺里买到了一件合适的独山玉雕件。在酒店吃过晚饭后出来散步，街上开门的店铺所剩无几。忽听一家门面里传出一阵喧嚷，只见老板手里拿着一件几乎满绿的翡翠白菜，正与两位四十来岁操安徽方言的顾客争执。安徽人说这件翡翠是染色的，店主用假货骗人；老板说今天这一笔生意之后就关门过年了，被人说卖假货坏名声、晦气。双方不依不饶，几乎要动起手来。笔者拿过来这件翡翠看了后对客人说，颜色没有问题。又劝老板说：“做生意和气生财，买家眼力有高低，生意成不成都别动气。”俩安徽人借台阶下出门去了。笔者从见到这个白菜就打心眼儿里喜欢，趁势对老板说，这是个好东西，要是价格合适给我吧，过年你手里也宽展些。老板给了一个很合适的价。这样，以半年多工资的价钱，笔者淘到了一件难得的宝贝。

白菜谐音“百财”，在玉文化中是很吉祥的寓意。台北故宫里收藏有一件清代翡翠白菜，约有手掌般大小，通透澄明，艳绿欲滴，菜帮是白色，叶面通绿，上面还俏雕了一只草虫。这件藏品是台北故宫的镇馆之宝，价值连城。

这件翡翠白菜长约 60 毫米，宽约 36 毫米，重 80 多克，刚好可以握在掌中。虽说种水一般，但颜色纯正、浓烈、明亮，是名副其实的艳绿色，雕工精细逼真，栩栩如生。

翡翠行中有句老话，“南人爱种，北人好色”。意思是南方人偏爱种水好的翡翠，而北方人则重视翡翠的颜色。其实翡翠的种好或是色好都是不多见的，只要占了一条，价格就上去了，所谓“种好一等价上十倍”、“色差一分价差十分”即是这个道理。种色都好的翡翠极为稀有，价格也不是一般人所能承受得了的。

此件到手几天后，在单位的春节团拜会上，一位眼尖的同事在我腰间发现此物，之后穷追不舍，终于在春节后转为己有。虽说宝物易主，毕竟曾经拥有。再说朋友也是真正的爱玉之人，不会随便出手。想再看一眼时，还可以从友人那里取来把玩一阵。

不觉一年多过去，根据目前的行情，此件应该在5万元以上了。

布袋和尚弥勒佛

笑口常开的布袋和尚，是五代明州奉化人。他蹙额大腹，经常佯狂疯癫，出语不定，就地而卧，随遇而安，给人欢喜快活、逍遥自在、大肚能容的深刻印象。有一首偈说：“一钵千家饭，孤身万里游，青目睹人少，问路白云头。”便是形容布袋和尚逍遥放旷、无拘无束的一生。

梁贞明三年，布袋和尚端坐在明州岳林寺东廊下的一块磐石上，将入灭前，说了一偈：“弥勒真弥勒，分身千百亿，时时示时人，时人自不识。”说完安然坐化。至此，众人才知道行履疯癫的布袋和尚，原来就是弥勒菩萨的化身。不久，有人在别处看见和尚仍背着布袋到处走，于是世人竞相描绘他的图像供奉在家中。今天，人们一走入寺院，便可看见笑意盈盈的弥勒菩萨。以下的诗偈，最能说明弥勒佛的满腔欢喜：“眼前都是有缘人，相见相亲，怎不满腔欢喜；世上尽多难耐事，自作自受，何妨大肚包容。”“大肚能容，忍世间难忍之事；笑口常开，笑天下可笑之人。”

据《佛经》记载，弥勒是继释迦牟尼之后出世的未来佛，他象征着未来世界的光明和幸福。弥勒佛出世时，土地平整，七宝充满，花香浓郁，果味甘美，国土丰乐，人民善良，人能益寿延年。弥勒佛出身高贵，在龙华树下坐禅成道。在佛教中，弥勒佛从印度所来，到中国后演化成了布袋和尚。

因为布袋和尚广为世人喜爱，故大量在玉雕作品中出现。

（图1）正面是布袋和尚笑脸大肚形象，坦胸敞怀，背面（图2）是一个大大的布袋，整高85毫米，横宽49毫米，重196克。材质冰糯，色泽淡青，

图 1

雕工精到，形态生动。玉质中稍带些许“白棉”，应该算是微瑕。最下面的一块黄翡，被俏雕成了一枚铜钱，这是迎合了人们祈求财富的一种心愿吧。此件雕工精湛，器型周正，颜色淡青，种分细腻，水头尚佳，市场价位约在万元左右。

（图 3）是布袋和尚的站像。雕件高 88 毫米，宽 45 毫米，重 152 克。其笑容可掬，活泼可爱，左手向上托起一锭元宝，右手在下提着布袋，布袋好像很沉，一直垂到脚的下方。和尚的左腿向上屈起，显得动感十足。此件底色干净，

图 2

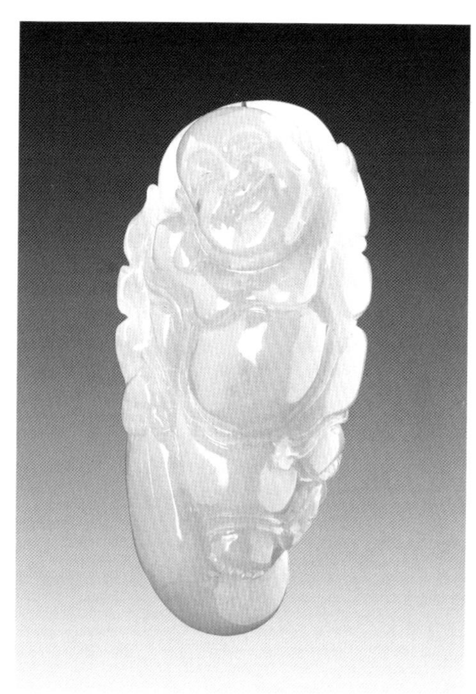
图 3

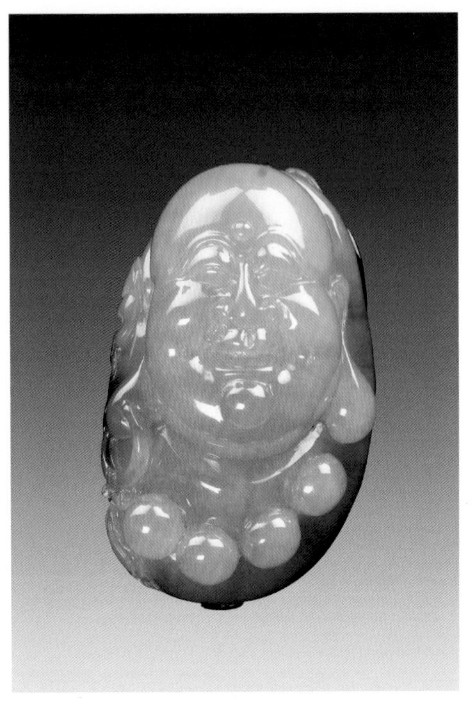
图 4

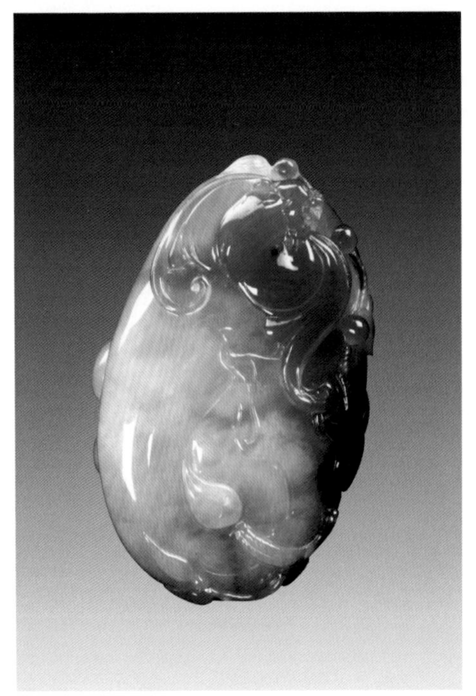
图 5

结晶很细，造型生动，水头尚可，雕工略显粗率，市场价位应在 4000 元左右。

（图 4）为布袋和尚头像。其重 126 克，仅核桃般大小。正面突出表现了头部，形象饱满，雕刻细腻传神，双耳垂肩，右耳上还戴着一只硕大的耳环，项间雕了几颗圆珠，应是表现所戴佛珠。背面（图 5）除了一只布袋之外，还利用油绿色俏雕了口衔钱串的蝙蝠，表现了“福在眼前”之意。此件为老坑冰种翡翠所雕，质地细密，水头上佳，并呈现淡油青色。其雕工亦精，应属收藏佳品。市场价位在万元之上。

“三阳开泰”腾紫气

“三阳开泰”之说出自《易经》，“三阳”意为春天开始。据《易经》：阳爻称九，位在第一称初九，第二称九二，第三称九三，合三者为三阳。在易卦中，“十月为坤卦，纯阴之象；十一月为复卦，一阳生于下；十二月为临卦，二阳生于下；正月为泰卦，三阳生于下。”农历十一月冬至日，昼最短，此后昼渐长，阴气渐去而阳气始生，称冬至一阳生，十二月二阳生，正月三阳开泰。正月正是三阳开泰卦，此时既是立春，又逢新年。冬去春来，阴阳消长，万物复苏，故“三阳开泰”或“三阳交泰”便成为人们用来相互祝福的吉祥之辞。根据泰卦的释义,“三阳开泰”的引申意思，则有好运即将降临之意。

人们也常用“三羊”代替“三阳”，除了“羊”与“阳”谐音之外，还寓有更隐蔽的深层文化含义。许慎《说文解字》云：“羊，祥也。”古文中，“羊”字与“祥”字是相通的。吉祥的礼俗中常用羊做牲，是因羊能传达吉祥福祉之故。羊也因此成为吉祥幸福的象征。《说文》又说：“美，甘也，从羊、大”，“美与善同义。”羊之大者为美，美又与善同一意。古人把羊作为美好的象征，用羊来形容美好的事物，也许与羊的身体肥美、性格温顺、叫声婉转有关。足见羊之隐含着美好、和善、吉祥之意。因此，羊之物象也便成为美好之意象。

这件翡翠把件，正面下方两只羊回首相望，另有一羊卧于山石之上，山石之侧一株劲松兀立，其上祥云缭绕，艳阳高照,正是一幅“三阳开泰”美好画面。背面左下，斜雕一柄双头如意，其余部分素面无工。正背两面构成“吉祥如意”之寓意。这块玉料呈紫罗兰色。紫色是吉祥、高贵之色，汉代刘向《列仙传》记载：“老子过关，令尹关喜望见有紫气浮关，而老子果乘青牛而过也。”这就是老子过函谷关“紫气东来”的典故。因此人们以“紫气东来”比喻吉祥之兆。另外，在把件正面山石右侧，雕刻者别出心裁地开一小孔，向内掏空，在山石表面镂空雕出十六个十字小孔，成菱形布于石上。这是一小香囊，其中置入香料，味可怡人。

尽管此件玉质不够上乘，由于具备了诸多吉祥元素，仍为笔者喜爱之物。它高 75 毫米，宽 52 毫米，重 235 克，呈椭圆形。握在手中，手感舒适。估价 7000 多元。

话说“刘海戏金蟾”

2005年，一位朋友约笔者去市场淘宝，有家老板拿出一件“刘海戏金蟾”，虽然器形不大，然水头特好。因为以前打过交道，彼此熟识，只开价2.4万元。朋友不大了解行情，没下决心要。过了两天，朋友又拉上笔者一起来到这里继续砍价，老板坚持不让。如是三趟，最后以2.36万元成交。说实话，笔者亦十分中意这个把件，如朋友松口不要，我早就收入囊中了。

“刘海戏金蟾”的典故出自道教，由传说的辟谷轻身的人附会而成。金蟾是一只三足蟾蜍，古时认为得之可致富。寓意财源兴旺，幸福美好。而流传于民间的“刘海戏金蟾”，则源于一段爱情故事。湖南花鼓戏《刘海砍樵》就取材于这一典故：相传常德城里丝瓜井内有金蟾，经常在夜间从井里吐出一道白光，直冲云霄。有道之人可乘白光升入天堂。住在井旁的青年刘海，家贫如洗，为人厚道，事母至孝。他经常到山里砍柴，一天山中狐狸修炼成精，幻化成美丽姑娘胡秀英，拦住刘海与之成亲。婚后，胡秀英欲济刘海登天，口吐一粒白珠，让刘海作饵子，垂钓于井中。金蟾咬钓而起，刘海趁势骑上蟾背，纵身一跃，羽化登仙而去。据人考证，后梁时有位读书人名刘海蟾，崇拜黄老之学。传说刘海蟾两次遇到神仙，第一次遇到“正阳祖师”，“授以金液还丹之质，遂弃官学道”。第二次遇到“吕祖”，“复授以金丹之要，遁迹终南，修真成道”。后人把刘海蟾这个名字一分为二：刘海、金蟾，又把两个名字敷衍为刘海戏金蟾。

卖玉老板说此件是“玻璃种”，笔者挑剔，认为定作高冰种为宜。它纯净通透，不可多见，雕工极其精细，连人物的发丝、脸上的笑靥都清晰逼真。刘海左手掂的一串金钱上，恰是黄翡之色。

一晃六七年过去，此件现在的市场价格定会令人咂舌。

“苍龙教子”冰飘蓝

翡翠种分有新坑老坑之分。像许多自然矿物一样，翡翠有原生矿和次生矿。翡翠的次生矿，就是经过河水等自然地质运动搬运的翡翠矿物，为水石或水翻砂石，通常称之为“老坑”。翡翠的原生矿则称之为“新坑”。“老坑”的次生矿翡翠有外皮，质地细腻，结晶颗粒小，水头足，透明度高，称为“老坑种”。“新坑”的原生矿相对来说质地普通的居多，质地较为粗糙，结晶颗粒大，水分差，透明度低，被称为“新坑种”。 原生矿也有优质翡翠出现，与次生矿优质翡翠区别不大，也可称之为“老坑种”。“老坑”目前产量很少，现在市场上的“老坑种”很多来自“新坑”。翡翠“老坑”“新坑”是地理以及地矿分布状态的概念，与和田玉的“山料”“籽料”、寿山石的“山坑”“水坑”相类似。“新坑种”与“老坑种”是翡翠品质的概念。只要是优质的、透明度高、结晶细腻的翡翠，就是“老坑种”翡翠。

这件把件属于典型的老坑冰种翡翠，通透细腻，不见结晶，其上蓝花飘逸，尤显高贵。整件高66毫米，宽46毫米，厚16毫米，重76克。雕工精湛，造型独特。老龙怀抱破壳的龙蛋，小龙从蛋中探出身来。尽管表现手法新奇，仍是“苍龙教子”之意。相传苍龙春分时升天，秋分时入渊。人们借一大一小两条龙比喻父子，冠以“苍龙教子”之称，表达“望子成龙”的美好愿望。龙生双翼即为飞龙，此件还有“飞龙在天”之吉兆。对应人事便是事物正处于最鼎盛时期。此外，在龙头、龙身还分别雕了两柄如意，又有了“生意兴隆”之寓意。估价2万元以上。

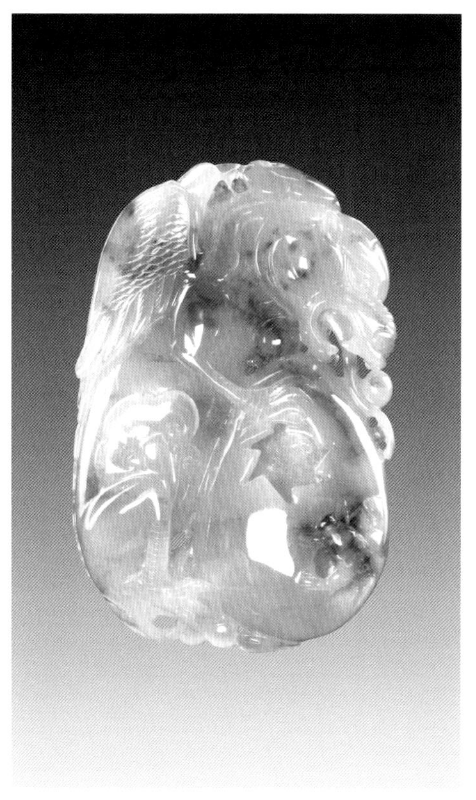

佛手貔貅带三色

这件“福寿双全”种水一般，它的看点是比较干净，并且“翡”、“翠”、“紫”三色都有了，虽然绿色、紫色都不够浓，不过雕工很好。该把件重197克，长70毫米，宽50毫米，厚30毫米，形态浑圆，握起来很可手。此件采用俏色技法，大面积的淡紫部分雕作了佛手，黄翡雕作貔貅，一点儿绿翠做成如意，整体布局看起来很舒服。让人意外的是，在佛手的蒂蔓上，竟伸出一根梅枝，七八朵梅花绽放其间。

下面分析其含义：貔貅是一只猛兽，为古代五大瑞兽之一（此外是龙、凤、龟、麒麟），亦为龙子，得称为招财神兽。貔貅曾是古代两个氏族的图腾，传说因帮助炎黄二帝作战有功，被赐封为“天禄兽”。它专为帝王守护财宝。又因貔貅专食猛兽邪灵，故又称“辟邪”。中国古代风水学者认为貔貅是转祸为祥的吉瑞之兽。民间传说貔貅没有排泄器官，光吃不拉，故可聚财。佛手亦称“佛手柑”芸香科，果实冬季成熟，色泽鲜黄，基部圆形，上部裂开如指，可入药。佛手形体独特，如“佛祖之手”，陈设可避灾祸；“佛手”与“福寿”同音，又满足了人们祈望吉祥的心理，因此佛手成为玉雕中经常表现的题材。此把件的主要寓意为“福寿双全”，同时兼有招财聚财和驱邪避祸之意。值得注意的是，把梅花与佛手雕为一体是很罕见的。梅花在玉雕上之用，常见的是“喜上眉梢”或“喜鹊登梅”，即喜鹊立于梅枝之上。笔者认为，这里是取梅花的“眉”音与佛手之“寿”音，表达长寿之意。《诗经·豳风·七月》中有“八月剥枣，十月获稻，以此春酒，以介眉寿”之句，“眉寿”是长寿之象，传说中的寿星就是长眉。诗的意思是：用新枣和新稻一起酿酒，饮之可以使人长寿。以此把梅花和佛手放在一起，其文化含义就是“以介眉寿”。

眼下此件的价格在3500–4000元之间。

兔立羊首意如何

前不久一个周末，朋友与其夫人闲来无事，约笔者到南阳一游。本来没打算买东西，只是随便转一转，没想到在一家店铺里看到一件东西：羊首之上以翠色俏雕一片绿叶，一只小兔站在上面。仔细观察觉得玉质不错，纯净通透且细腻，是很好的糯化种。雕工亦佳：圆雕、镂雕技法都很精湛，羊的头部像是特写，微微上扬，身子却没有具象，而是以饱满圆润的如意造型代之，羊的面部表情生动，双目有神，一对弯弯的羊角很有质感。羊头另一侧也雕有一个如意，前后分别以宝珠作饰。通体呈淡紫色泽，唯有羊首上绿叶惹眼。笔者这位朋友小我一岁，正是属羊，终以1.7万元成交。

在《“三阳开泰”腾紫气》一文中，笔者曾经说过，“羊大为美”，羊之物象是美好之意象。古文中，“羊”与“祥”相通，因此，羊是吉祥之意。羊与如意结合在一起，很明白地表达了“吉祥如意”的含义，这是好理解的。那么，兔又是怎么回事呢？这也要从玉文化的谐音表达上解释。“兔”音“突”，站在羊头之上，是“突飞猛进”之意，意味着在事业上有大的发达、有跨越式的发展。

所谓“玉者遇也”，这位属羊的朋友真是与这个把件有缘分，笔者这么多年从来没有遇上这种题材和造型的翡翠雕件。

此件重120多克，长约65毫米，宽约40毫米。像这样种水、雕工和大小的物件，如果在几年前购买，大约用三分之一的价格就能买下，如今由于受资源、供求关系等因素的影响，价钱涨了不少。但是只要是好东西，今后上涨的空间还可以预期。就像这位朋友几年前到手的高冰种“刘海戏金蟾”把件一样，现在就是以高出当年两倍的价格，又能从哪里淘来呢？

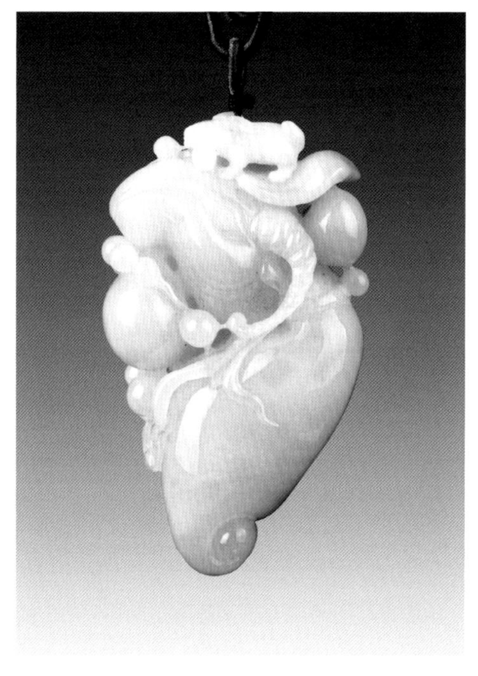

黄翡如意紫貔貅

这件貔貅口衔如意把件在笔者手中有些年头了。十来年前，到外地开会期间在玉器市场里漫游，一家店铺柜台里通亮橙黄的如意吸引我驻足不前。这种颜色的黄翡太少见了！

笔者抑制住内心的激动与喜爱之情，淡淡地与店主攀谈起来。不紧不慢看过几件东西之后，才让店主把黄如意拿出来，谁知另一面竟是通身淡紫的貔貅！笔者询问价格，店家只报价 2800 元，我没有犹豫，立马掏钱结账走人。

许慎《说文》解释："翡，赤羽雀也。翠，绿羽雀也。"翡翠原指羽毛颜色漂亮的鸟，人们把这种红绿两色的羽毛贴嵌在首饰上，深受女人喜爱。后来一种色彩艳丽的美玉传入宫中，人们便把"翡翠"的称谓赋予了它。翡翠主要有三种色：绿、红、紫，绿为"翠"，红为"翡"，紫为"紫罗兰"。说是红翡，但多表现为黄色。一件翡翠如果带色便身价倍增，有绿黄两种颜色谓之"黄加绿"，带绿紫两种色谓之"春带彩"，黄绿紫三种色集于一身谓之"福禄寿"。

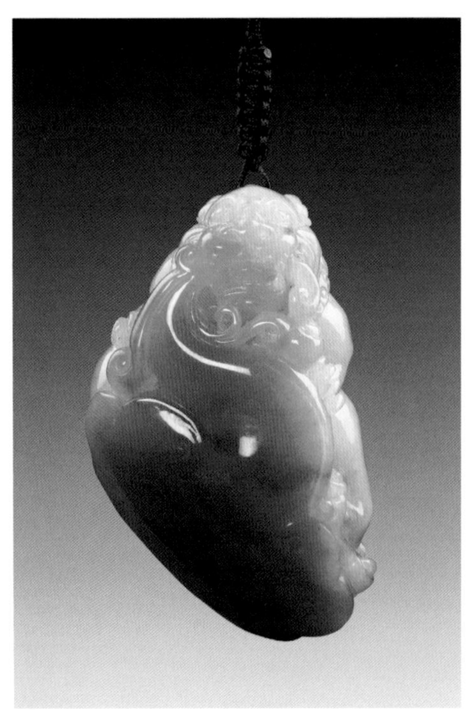
正面

背面

在一件翡翠上颜色种类越多越难见到，价格也越贵重。每种颜色亦因其色调浓淡、色彩饱和度及明暗度不同而价值相差许多。就这件把件来说，其黄翡明亮纯正而浓烈，不像通常所见翡色多为黄褐。其紫色为“粉紫”，其质为糯冰种，细腻润泽，看上去特别舒服。

通常，高明的玉雕师会对翡翠玉料上的各种颜色仔细构思，巧妙地雕成相应的事物。把颜色利用得好称为“分色”，次之为“俏色”、“用色”。这件器物将黄、紫两色用得恰到好处，没有一点儿拖泥带水，应该是分色中的上乘之作。此外雕刻技法亦为精湛：从貔貅口中伸出的灵芝状如意，呈“S”状向下延伸，布满一面；另一面貔貅伏于如意之上，拱背向前，双目圆睁，四肢遒劲，气势威猛，仿佛可见其骨骼肌理。貔貅为龙子，可聚财辟邪，如意为吉祥之兆，二者一体，按其谐音又可解释为为“生意兴隆”之意。

此件净重 182 克，高 79 毫米，宽 48 毫米。不少人因当初笔者买入的价格而表示羡慕，须知有时店家并非专家，估价走眼不足为奇，何况 10 年前翡翠价格与现在也不能同日而语。以笔者眼力，此物价值眼下已比当年涨出十几倍以上了。

丹凤朝阳歌盛世

记得 2008 年有一部热播的电视连续剧叫《翡翠凤凰》，说的是民国时期玉雕大师文之光因为收藏了“翡翠凤凰”，招来杀身之祸。与他情同父子的护卫常敬斋，为了保护这件珍奇国宝，不惧生死，同各种罪恶势力展开了殊死斗争。故事中，那块透闪闪、绿莹莹、极具传奇经历的“翡翠凤凰”叫人过目难忘。

笔者也有一块“翡翠凤凰”，它不能与电视剧中那块价值连城的满绿翡翠凤凰相提并论。此件重 156 克，高 82

毫米，宽43毫米，没有翠色，略带淡紫，是可以握在手中的把件。正面左上及右下各有一朵盛开的牡丹，一只丹凤昂首挺立其间，形象秀美。背面山峦起伏，牡丹花枝生于峰上，日悬中天。构成“凤戏牡丹”及“丹凤朝阳”之象。

传说凤凰生于南极之丹穴，丹穴即丹山，故称丹凤。赤色为凤，青色为鸾，鸾凤均为神鸟。据闻一多先生考证，凤的最早图腾出现自殷人。殷的祖先叫“契”，他是帮助大禹治水的英雄。而契的母亲叫简狄，《史记·殷本纪》中记载了简狄吞下玄鸟之卵而生契的故事。《诗经》中记载的“天命玄鸟，降而生商”，说的就是这件事。玄鸟就是凤鸟，由于殷契是商的始祖，因此殷商崇信玄鸟。从商周时期留下来的礼器、生活用具的青铜器上，便可以看到上面铸有凤纹图案。不过，那些凤纹图案与现在看到的凤凰造型相差甚远，那时的凤称为“夔凤”，呈蛇状长条形，只有一条足。

“丹凤朝阳”的图形是凤凰向着一轮红日鸣叫，象征吉运降临，寓意福庆先兆，典出《诗经·大雅·卷河》：“凤凰鸣矣，于彼高岗，梧桐生笑，于彼朝阳”。诗中暗喻凤凰为贤才，朝阳喻盛世，即贤才适逢盛世之意。“凤戏牡丹”的表现形式，也是幸福和吉祥的象征。凤凰被称为百鸟之王，牡丹象征荣华富贵。寓意富贵常在，荣华永驻。

这件器物属糯化种，细腻凝润，价格不高，只花了不到3000元，那时《凤凰翡翠》正在热播，笔者甚喜翡翠，又心存凤凰情结，在市场上它遇着便买下了。此后每每把玩，电视剧中的情景便浮现于眼前，于荣光饰演的“常敬斋”真男人之高大形象，也因此牢牢地定格在笔者心中。

估价8000多元。

公明元帅是财神

财神是中国民间普遍供奉的主管财富的神明。他是道教俗神，民间流传着

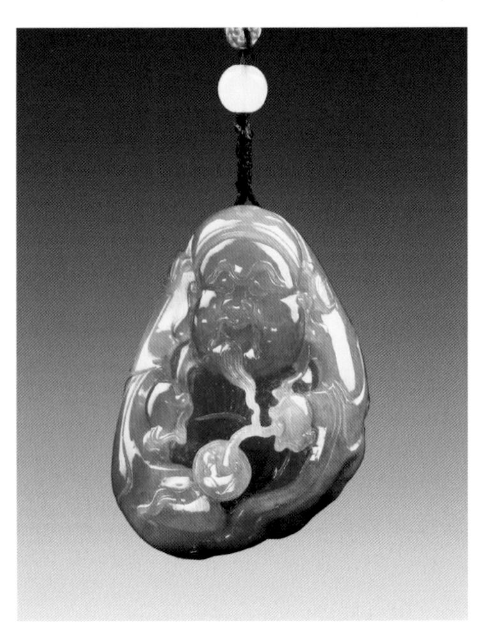

多种不同版本的说法，月财神赵公明被奉为正财神，刘海被奉为文财神，钟馗和关公被奉为赐福镇宅的武财神。日春神青帝和月财神赵公明合称为“春福”，日月二神过年时常贴在门上。赵公明又称赵公元帅，传说是长安周至县赵代村人氏，与文财神刘海共同修道于陕西户县石井镇武财神钟馗故里欢乐谷，故户县被称为财神故里、财神之乡。在《真诰》中赵公明为五方诸神之一，即阴间之神。后在道教神话中成为张陵修炼仙丹的守护神，玉皇授以“正一玄坛元帅”之称，并让其成为掌赏罚诉讼、保病禳灾之神，买卖求财，使之宜利，故赵公明被民间视为财神。其像黑面浓须，头戴铁冠，手执铁鞭，身跨黑虎，故又称黑虎玄坛。是民间供奉的招财进宝之神。

据《三教搜神大全》卷三记载：赵元帅，姓赵讳公明，终南山人也。自秦时避世山中，精修至道。

财神是中国民间普遍供奉的善神之一，每逢新年，家家户户悬挂财神像，希冀财神保佑以求大吉大利。吉，象征平安；利，象征财富。人生在世既平安又有财，自然十分完美，这种真切的祈盼成为人们的普遍心理。因而财神这一题材也在玉雕上广泛采用，有摆件、挂件，也有把件。

笔者收藏的财神把件体量不大，重不过百克，若核桃状，质地冰油，颜色灰蓝，水头上佳。此件应为一小块儿翡翠原石整件雕成，其背后仍保留着褐黄色的翡皮，形态斑驳自然。财神头戴官帽，面带笑容，身着官服，帽翅为圆形钱状，手中所拿钱串，恰为黄翡雕就，胡须及钱串部分施以镂雕，甚是纤细。至于财神为何选用深色翡翠雕琢，笔者想是因传说中赵公明面色黢黑之故吧。

估价 7000 元左右。

寿星老人南极翁

年初，一位过去的同事请笔者寻一件玉雕寿星，送给家里老人做寿。我留心寻觅，无多时便有了收获。

这尊翡翠寿星形态不大，仅重 87 克，高 76 毫米，宽 35 毫米。玉质润糯，雕工细致，面相、神态均佳。通体满绿，只是不够浓烈和鲜艳，比“江水绿”略胜一筹。寿星长眉垂胸，额头硕大，右手持一柄双头如意，左手托一寿桃，尘拂飘然。笔者对这尊寿星十分中意，但成交价 8000 元，与同事要求的价格差距较大，笔者便留为已藏，另为同事觅得一独山玉寿星交差。

寿星是中国神话中的长寿之神，本

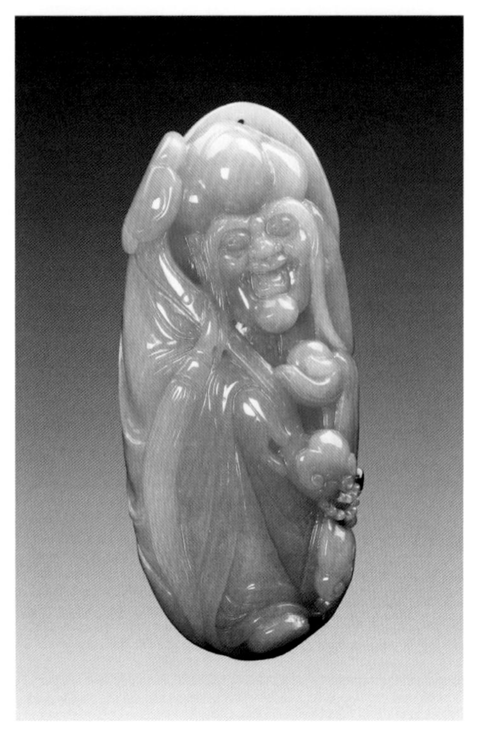

为恒星名，天文学里的名字是“船底座α星”，位于南半球南纬50度左右，又称“南极老人星”。秦始皇统一天下后，在长安附近建寿星祠。后来寿星演变成仙人名称。

在中国神话里，有一位南极仙翁，又称南极真君、长生大帝，因为他主寿，所以又叫“寿星”。寿星原型据说是河南濮阳县烟城人，名叫“徐三亭”。他活了108岁，鹤发童颜，银髯过膝，平时种一桃园，只吃仙桃，不食饭菜。后归仙界，被封寿星。后人为纪念他，改烟城为徐镇，并定二月九日他生日这天举行香会公祭，沿袭至今。

福禄寿三星，均起源于远古的星辰自然崇拜。古人按照自己的意愿，赋予他们非凡的神性和独特的人格魅力。成为古代民间世俗生活理想的写照。明朝小说《西游记》写寿星“手捧灵芝”，长头大耳短身躯。《警世通言》里有“福、禄、寿三星度世”的故事。画像中的寿星为白须老翁，持杖，额部隆起。寿星作为长寿老人的象征，常衬托以鹿、鹤、仙桃等。

湖南长沙有条“寿星街”，因这里曾有一座规模很大的寿星祠而得名。据地方志记载，早在唐朝这里就建有寿星祠，一直持续到民国。据说当年香火旺盛，很多人专程到这里烧香祈求寿星保佑。长沙向南不远，就是长寿福地——南岳衡山，也就是人们经常讲到的“寿比南山”的南山，山上现存的“寿星亭”据说是宋朝遗物。

苍龙吐火形如钺

这是一块较为特殊的翡翠把件：一条苍龙高高在上，向下吐出壮观的火舌，火色鲜艳，黄中带红。火舌雕作“钺”的形状，几乎占据三分之一的面积。左下方一条形态流畅的小龙仰视苍龙，“钺”用黄翡雕成，在淡绿色的背景衬托下格外引人注目。钺主兵，在这里的

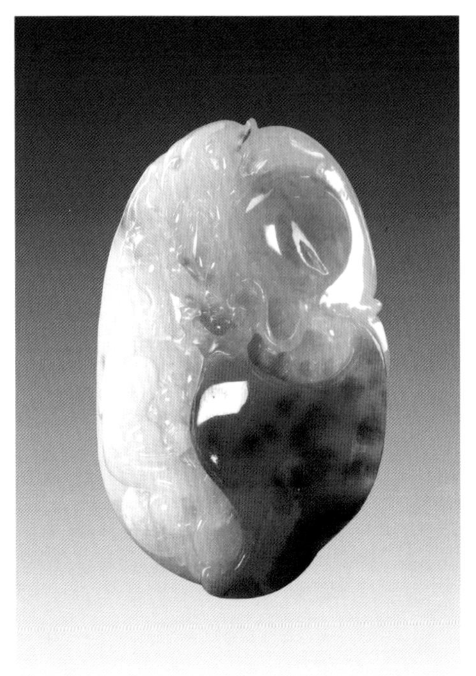
正面

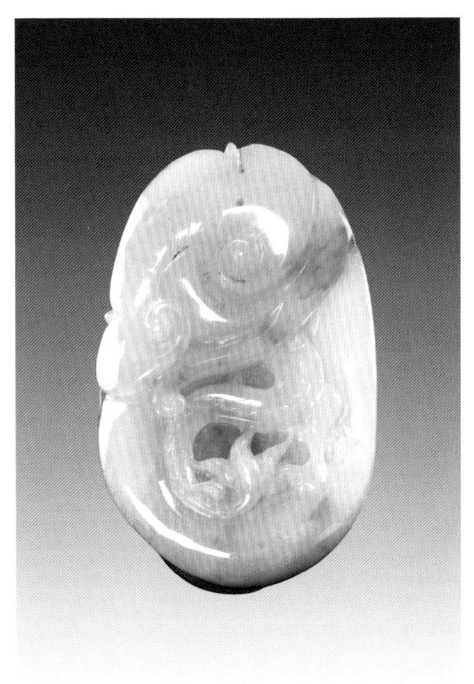
背面

作用主要是辟邪。把件的背面，上部是一个很大的如意，下部一段龙身和龙尾逶迤而出，一条龙腿遒劲有力。说它特殊，是指龙吐“钺”形。

“钺”，是十八般兵器之一。据明代《五杂俎》所载，“十八般兵器”为弓、弩、枪、刀、剑、矛、盾、斧、钺、戟、黄、锏、挝、殳（棍）、叉、耙头、锦绳套索、白打（拳术）。今天，武术界对十八般兵器的解释是“刀、枪、剑、戟、斧、钺、钩、叉、鞭、锏、锤、抓、镗、棍、槊、棒、拐子、流星”。钺作为一种兵器，由青铜钺头、长柄构成，钺头尖锋直刃、扁茎。因形制沉重，灵活不足，最终退为仪仗用途。玉钺最早出现在太湖流域的崧泽文化社会，并在良渚文化社会中成为最重要的礼器之一。我国文献中的钺，出现在黄帝时代及以后的历史时期，如“黄帝出其锵钺”、“蚩尤秉钺”、“商汤把钺以伐夏桀”、“武王左杖黄钺以伐商纣”等。钺常作为持有者权力的表现之用，在后代也往往是君主大权的象征。

综观整件玉雕，其文化内涵为“苍龙教子”、“生意兴隆”，因“钺”主兵，同时还有辟邪之意。

此把件高78毫米，宽5毫米，重124克，玉质为糯米种，底子干净无瑕疵，大部为淡绿色，加上黄翡，亦称“黄加绿”，较为名贵。目前价值约在1.5万元。

鱼莲之乐“江水绿”

翡翠之色绿为贵，但绿色之中有高下，一颗黄豆大的“帝王绿”的戒面价值几十万元，而一块拳头大的“蛤蟆绿”的雕件可能只值一两千元。“绿差一等价差十倍”说的就是这个道理。

翡翠的绿色按浓艳的程度可分为：艳绿、翠绿、阳绿、蓝绿、浅阳绿、淡绿、浊绿、暗绿、黑绿等，每种绿都有相对应的标准。“帝王绿”是最高等级的绿，只能出现在“玻璃种”上。“艳绿”的颜色纯正、均匀、鲜艳；“翠绿”绿色鲜活，颜色较艳绿浅，为标准绿色之代表；“阳绿”的绿色鲜亮，微带黄色；“蓝绿”蓝色中微带蓝色调，使其看起来冷静神秘，给人沉静的感觉；“浅阳绿”绿色浅淡，鲜明；纯正“淡绿”绿色较淡，不够鲜明；“浊绿”略带浑浊感；“暗绿”色彩虽浓但较暗，有时带有灰色调，不鲜明，但仍不失绿色调；“黑绿”绿色浓至带黑色调。在翡翠行里常常以常见的事物称呼翡翠的绿色，如秧苗绿、黄杨绿、菠菜绿、葱心绿、江水绿、鹦鹉绿、苹果绿、瓜皮绿、鸭蛋绿、丝瓜绿、墨绿、蛤蟆绿等等。对每件翡翠绿色价值的判断，需要有经验的行家综合地子、水头、绿色浓淡明暗、俏色水平和美协度来评判。

这是一件“江水绿”的手把件，它淡淡的绿色稍微偏蓝，衬着冰透的地子，优雅透彻，恰似平静清澈的江水。质地属于糯冰种，上下各雕一条形态灵动的金鱼，意为“金玉满堂”；中间斜横一只子实饱满的莲蓬，背面一片荷叶布满画面，寓意“一品清廉”；“鱼”与“莲”结合，又正是“连年有余”的意思。这个主题与“江水绿”之色及水汪汪的质感相配，真是再恰当不过了。

这件东西虽然不大，高 83 毫米，宽 40 毫米，仅重 96 克，价值却不菲，2 万元收进，今后升值空间还可预期。

“升官发财”世俗愿

大凡玉雕图案，都有一定的寓意。初见到这个雕件有些困惑，其主体是一只角状杯，底部的龙头向上昂起，角杯口沿镂空，上面另雕一片树叶，一只貔貅安卧叶上，其余再找不出任何构图元素。仔细端详后若有所悟。

“角杯”出现于殷商晚期或商周之际。现今见到最早的玉雕角杯出土于广州南越王墓，与此件形态相似。“角杯”是从爵演化出来的一种酒器，用途与“爵”相同。爵在商代和西周青铜礼器中很常见。另外“爵”也是君主制国家对贵族的封号，爵位、爵号，是皇帝对贵戚功臣的封赐。周代有公、侯、伯、子、男五种爵位，后代的爵称和爵位制度往往因时而异。明代以后有成语“加官晋爵”，指官场中人在仕途上被提拔升迁。

“貔貅”相传是一种凶猛的瑞兽，而这种猛兽分为雌性及雄性，雄性名“貔”，雌性名为“貅”，流传至今已不再为雌雄。古时这种瑞兽是分一角和两角的，一角的称为“天禄”，两角的称为“辟邪”。后来再没有分一角或两角，多以一角造型为主。传说貔貅为龙子，以金银财宝为食，没有排泄器官，只吃不拉，所以能生财聚财。貔貅卧于树叶之上，取“叶”之谐音，为“一夜发财”之意。与另一图式联系起来，“角杯”即“爵”，“加官晋爵”加上“一夜发财”，是既升官又发财。

“升官发财”的寓意未免有些俗，但自古以来却是很多人梦寐以求的，是世俗社会的普遍愿望。所以，出现在玉雕上也就不足为奇了。

这个把件高 76 毫米，宽 44 毫米，重 90 克，糯化种，底色淡紫，树叶带翠，雕工精细，构思奇巧。美中不足的是略有白绵现于其上影响了通透。目前价位应在 7000–8000 元之间。

貔貅把件“芙蓉种”

这件把件题材单一，只在貔貅之下雕了一只香囊。“貔貅”为龙子之一，“龙生九子各不相同”，但龙之九子为何物，民间说法不一。影响较大的一种说法是：

长子饕餮(tāo tiè)，样子似狼，性贪吃，位于青铜器上，现在称之饕餮纹。

次子睚眦，样子像长了龙角的豺狼，怒目而视，双角向后紧贴背部。嗜杀喜斗，刻镂于刀环、剑柄等兵器或仪仗上起威慑之用。

三子嘲风，样子像狗，平生好险，殿角走兽便是其像。

四子蒲牢，喜音乐和鸣叫，刻于钟钮上。

五子狻猊(suān ní)，形状像狮，喜烟好坐，倚立于香炉足上，或者雕在香炉上让其款款地享用香火。另外，狻猊还是文殊菩萨的座骑，在文殊菩萨的道场五台山上还建有供奉狻猊的庙宇。因狻猊为龙的五子，所以庙名为五爷庙，在当地影响颇大。

六子赑屃(bì xì)，样子似龟，喜欢负重，故作为石碑之座。

七子狴犴(bì àn)，又名宪章，样子像虎，有威力，好狱讼，人们便将其刻铸在监狱门上，故民间有虎头牢的说法。又相传它主持正义，能明是非，因此它也被安在衙门大堂两则以及官员出巡回避牌的上端，以维护公堂的肃然之气。

八子椒图，形似螺蚌，好闭口，性情温顺，反感别人进其巢穴，故人们常将其形象雕在大门的铺首上。

九子即为貔貅。

此件为“芙蓉种”，其色淡绿，通体色泽一致，因此使人感到比较清爽。其重178克，高80毫米，宽55毫米，下部是一个35毫米高的香囊，内部镂空，可放入香料随身携带。一般芙蓉种翡翠很少有绺裂和杂质，质地较细，价格适中。估价4000元左右。

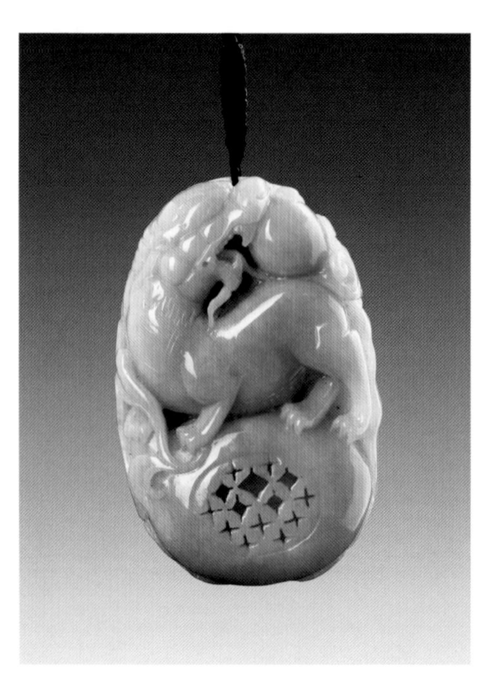

英明神武节节高

根据谐音，鹦鹉在玉雕上有两种说法，一为“英明神武”，另为“莺歌燕舞”，前者是对人的褒奖，后者形容世相。此件将鹦鹉与竹子雕刻在一起，笔者想，还是表达对人的颂扬和祝福。

玉文化的寓意，有些取其谐音，有的则用其义。竹子历来为中国传统文人所推崇，主要是其有“节”，即“气节”。汉时苏武持节出使匈奴，被扣留。匈奴单于为了逼迫苏武投降，开始时将他幽禁在大窖中，苏武饥渴难忍，就吃雪和旃毛维生，但绝不投降。单于又把他弄到北海，苏武仍不为所动，依旧手持汉朝符节，牧羊为生，表现了顽强的毅力和不屈的气节。这就是我国历史上著名的“苏武牧羊”的故事。苏武所持之“节”是竹子所制。

“节”本为古代卿大夫受聘于天子诸侯时所持符信，出使外域，是其身份的凭证，其意正是提醒其要保持气节。后来，各派驻国外的使者统称“使节”。竹子虚心高节，挺拔向上，遇寒不凋，与松、梅并称“岁寒三友”，也是绘画、雕刻经常表现的题材。具体到这件翡翠把件，是以竹节之生长之快，表现“节节高升”的寓意。

记得这个把件是两年多以前所买，当时要价不低，笔者同时买了三件货，经讨价还价，最后此件只合万元出头。质地属糯化种，细腻润泽，翡、翠、紫三色俱全，但均不够鲜艳和浓烈。雕工是一流的，竹子与鹦鹉各占一半位置，部分透雕，运刀流畅，造型生动，鹦鹉身上的羽毛一丝不乱，鸟爪遒劲犀利，竹节形态自然，竹叶雅逸，主干之上又发新枝，另有竹笋新发，生机勃勃，更有代代“节节高升”之意。通高 93 毫米，宽 56 毫米，重 206 克。圆润大气，实为赏心悦目之上品。目前价位应在 2 万多元。

“大吉大利”说雄鸡

这个翡翠雕件是牌子的形状，既可当把件，亦可作挂件。其重 73 克，高 64 毫米，宽 43 毫米，厚 15 毫米。正面：一只雄鸡布满整个画面，元宝、如意、金钱散布于周边；背面：上下各雕一大一小两枚钱币，中间斜横一柄双头如意。

西汉人韩婴在《韩诗外传》中称鸡有“五德”：“头戴冠者，文也；足搏距者，武也；敌在前敢斗者，勇也；见食相呼，仁也；守夜不失时，信也。”把鸡说成是文武齐全、勇仁兼备、足可信赖的动物，所以，古人称鸡为“德禽”。

鸡还有美誉叫“神禽”。公鸡一叫，太阳即出，这在先民的心目中，认为公鸡是太阳神鸟，能支配太阳的升起。加之鸡有吃蝎子、蜈蚣等毒虫的天性，鸡有与“吉”读音相近，因此鸡被人视为吉祥物。在玉雕文化中，鸡与不同的事物搭配在一起，分别表示不同的含义。如果玉件上雕有三只鸡，寓意“连升三级”；如是有鸡又有鸡冠花，则表示“官上加官”；还有雄鸡立于石头之上的图案，那就是“室上大吉”之意；雄鸡高大英武、鸣叫响亮，“公”与“功”、“鸣”与“名”同音，周敦颐在《爱莲说》又称牡丹花为“花之富贵者也”，因而雄鸡与牡丹花在一起便是“功名富贵”；还有一个与鸡有关的题材比较少见，叫“鸡王震旦”，其图案为一只雄鸡，脚下有害虫。旧时人们对生活中的害虫很伤脑筋，而鸡能奋力翻飞，激喙扬爪，专门搏逐害虫，此种题材象征家庭平安幸福的美好意愿。

此件应叫作“大吉大利”，因为除了雄鸡之外，玉件上主要是金钱、元宝，金钱即为“利”。此件正反两面均雕有如意，加上“鸡”的谐音，它还有“吉祥如意”的寓意。其雕工尚可，种水也不错，应归于糯种之列。其色油绿偏蓝灰，不够鲜亮惹眼。升值幅度也较慢，现在价值不过 4000 元开外。

“岁岁如意”福而寿

在翡翠雕件里，“福”、“寿”、“如意”之类题材的作品最为常见。“福”一般用蝙蝠来指代，“寿”以桃子及松鼠、猴子、貔貅等兽类来指代。蝙蝠口衔钱串为“福在眼前”，蝙蝠雕成翡色又居于上方，就是“洪福齐天”，等等。

这件翡翠把件，形体不大，纹饰却很繁复，通体满是雕工。数一数，总共有十二个佛手手指，五个如意，两个穗子，一个葫芦，两枚钱币，还有一只貔貅。这种雕法甚是少见，也是有一定原因的。玉雕行里有句话叫“无绺不雕花”，“绺”即绺裂，是指翡翠上存在的瑕疵和裂纹，绺裂对不同玉件的影响也有些不同，一般用作雕刻的翡翠，只要在设计工艺上和雕刻过程中能把裂纹遮掩住，使之不显露或者完全去除掉，那么对玉件价值的影响则不大。对于素身的翡翠，尤其是手镯，其裂纹是很难隐藏的，因此对其价值的影响也就最大。这件翡翠的原料上面是有不少细小的绺裂的，所以在设计时安排了比较繁复的纹饰，通过雕刻师的雕琢，一些绺裂被挖去，一些顺着纹理被巧妙地雕了成各种图案。玉雕中遮掩瑕疵的方法还有很多，比如，在棉比较多的部位表面打麻压花，顺着有裂的部位以金线嵌入形成图案等。

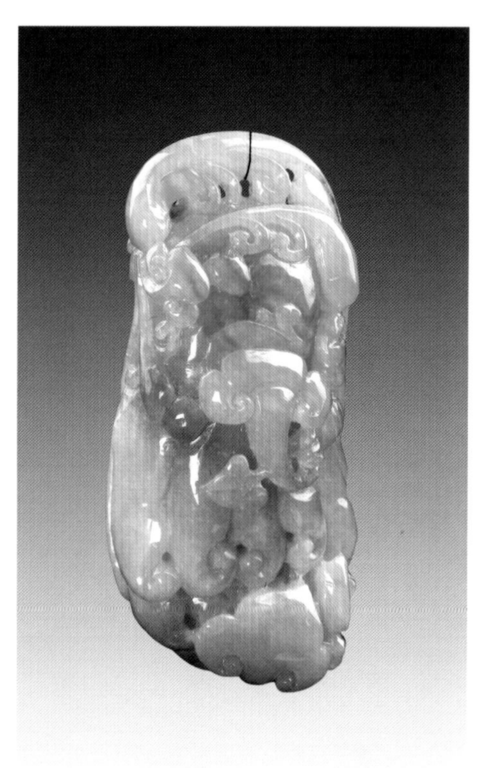

这件翡翠把件的含义：两穗居上，下连如意，是“岁岁如意”之意；两枚钱币谐音“双全”，与佛手一起，寓意是“福寿双全”；貔貅身连如意，即为“生意兴隆”。

此件高 85 毫米，宽 40 毫米，重 112 克，种水通透，淡绿的翠色几乎布满全身，把玩起来还是蛮有味道的，不过雕工一般化而已，算不得精湛，其价值在七八千元。

绝绿糯种龙如意

前不久，一位同事拿来一件翡翠来问，目前它值什么价？笔者看它眼熟，想起与之也有一段缘分。

那是五年以前，这位极喜欢翡翠的同事邀我一起到一个著名的玉器集散地淘货，在一家店铺里见到这件东西，它题材、雕工、颜色俱佳，适合收藏。笔者想到，这位同事的孩子正读高中，学习成绩优异且喜传统文化，而这件翡翠把件主要表现的就是“望子成龙”和“节节高升”，寓意甚好，对孩子的进步是个好兆头，也有一种激励在里面。当时这位同事鉴赏翡翠的水平还不是很专业，对万元出头的价格有些犹豫。当着店主的面，有些话笔者不好说，返回的途中，同事问我价格合不合适，我说题材好而且性价比很值。这时我们已经走出十来公里，同事决定回去把东西买下来。经过讨价还价，最终以 11,000 元拿下。

此件重 155 克，高 74 毫米，宽 44 毫米，主要的含义是“节节高升”，一根翠竹节劲挺立，十几片竹叶生机盎然，竹子上端一只通绿的小鼠形态生动，与竹节上盘踞的老龙深情相望，龙身下方，是一柄鲜绿的如意。此件的主要特色还是它的颜色，浓艳鲜亮的绿色很纯正，占据了把件的 70% 以上。质地比较细腻，水头尚可。如果仅把它上面的绿取下做成小挂件，价值也是很可观的。

鼠，在玉文化中是很吉祥的象征，一般作为财富之象，如“五鼠运财”等。在此件上，是取它在十二生肖中的排序“子”的意义，与苍龙结合，构成“苍龙教子”之意。苍龙教子另一表现方法是一大一小两条龙相对而视，它们都表现了“望子成龙”的意义。如意是翡翠雕刻最常见的纹样，当然也是吉祥之象，在这里与龙结合一起，取其谐音，构成了“生意兴隆”的含义。

目前这件翡翠的价格应在 3 万元以上。

慈航普度观世音

在人们佩戴的玉饰中，最常见的题材大约就是观音和弥勒佛了，因为民间有“男戴观音女戴”的说法。

这件翡翠观音挂件是一位朋友珍爱的藏品，笔者有缘多次见到，的确是件难得之物。此件器型端正大气，雕工精湛，重65克，高63毫米，宽59毫米，为椭圆形态，应是利用高档镯芯料雕琢而成，质地为“糯冰种”，细腻通透，除有少许“白棉”之外几乎没有任何瑕疵。构图上，左边一片莲叶绿意盎然，一枝金色莲蓬籽粒饱满，右边一朵淡紫色的荷花含蕾绽开，观音手持净瓶端坐于莲花座上，示人以庄严、圣洁、静穆之相。这件翡翠最珍贵之处，是同时具有翠、翡、紫三种颜色，即行内人所讲的“福禄寿”或“桃园结义”。在我国，长期以来，福、禄、寿都是人们孜孜以求追求的三种人生境界，三色翡翠被看作吉祥的象征，深受人们喜爱因而价格不菲。此件目前市场价位已接近六位数了。

观音是大乘佛教中大众十分熟知的一尊菩萨，我国几乎所有的佛教寺院都供有观音像。据《悲华经》的记载，观世音无量劫前是转轮圣王无净念的太子，名不拘。他立下宏愿，生大悲心，断绝众生诸苦及烦恼，使众生常住安乐，为此，宝藏如来给他起名叫观世音。《华严经》中说：“勇猛丈夫观自在。”在当时，观世音还是个威武的男子。甘肃敦煌莫高窟的壁画和南北朝时的雕像观音皆作男身，嘴唇上还长着两撇漂亮的小胡子。佛教经典记载，观音大士周游法界，常以种种善巧和方便度化众生，其女性形象可能由此而来。后世的女性形象也可能与观音菩萨能够“送子”有关，并且是大慈大悲的化身。自隋唐以后，我国民间更是形成了广泛

的观音信仰，并逐渐形成了以敬奉观音为主的三个农历宗教节日：二月十九为观音诞生日，六月十九为观音成道日，九月十九为观音出家日。每逢这三个节日，寺院均要举行庆祝仪式，其一般祝仪是:唱《香赞》,诵菩萨名、《大悲咒》,唱《观音大士赞》、《观音菩萨偈》、念观音圣号，拜愿，三皈依毕。不仅仅在寺院，许多普通百姓的家庭，都供着观音像，早晚一炉香。观音信仰在民间历久不衰，许多并没能深入了解佛法三昧的普通人们对观音菩萨的崇拜，其实是一种对“真善美”的希望和追求。

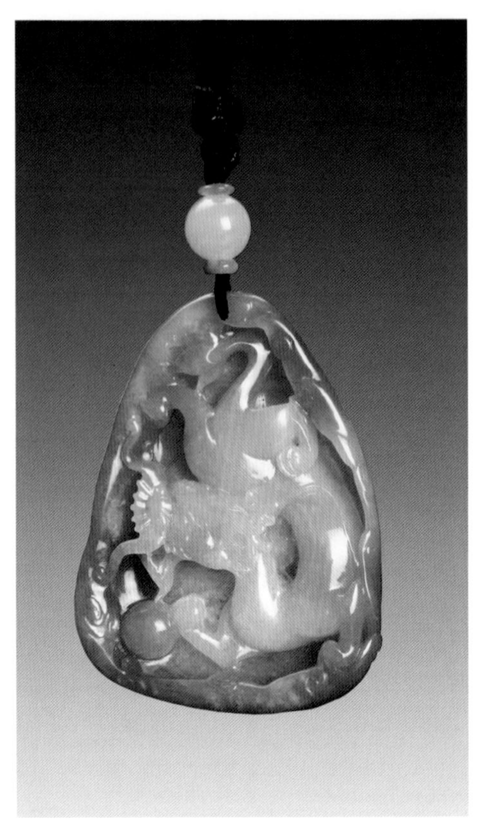

云龙把件“福禄寿”

只看标题，读者可能不一定明白笔者要讲什么。前文刚说过，翡、翠、紫三色集于一体可称“福禄寿”或“桃园结义”，这个把件并不是题材表现了福禄寿，而是一身具备了三色。

也许与今年是龙年有些关系，今年市场上与龙有关的翡翠件特别多。这个把件是收藏中的珍品，其一，是因为三色集于一身；其二，是质地亦属上乘，水头足而细腻；其三，是构思设计新颖，雕工一流。器型呈上窄下宽的牌状，高82毫米，宽62毫米，重95克。正面只雕了一条龙，周边利用翡翠皮壳的翡色，雕作荷叶状向内卷起，而龙身则用紫地带翠色雕就，龙头下的龙珠用翠色俏雕，鲜净的色彩突出地表现了主题。背面只是在中部稍将翡皮剥去，露出些许青绿，以衬托几朵云纹。从总体形态看，这个把件应是用一小块翡翠整体雕成，足显设计者的用心。龙身线条流畅、优美、生动，雕刻手法不是常见的浮雕，而采用“产地平”之法，即在平面上向内挖出图形，再将底部雕平。这样就增加了雕刻、打磨、抛光的难度，耗时费工，因而也增加了该件的附加值。

龙在中国古代的神话与传说中，是一种神异动物，具有九种动物合而为一之九不像之形象。龙是原始社会形成的一种图腾崇拜的标志。传说中龙能显能隐，能细能巨，能短能长。春分登天，秋分潜渊，呼风唤雨，无所不能。龙在中国传统的十二生肖中排第五，青龙与白虎、朱雀、玄武一起并称“四神兽”。

20 世纪 70 年代在内蒙古赤峰市出土了“C”型玉龙，后经考古勘查确认该玉龙属于距今约 5000 多年的红山文化遗物，这件著名的“C”形龙就是最早的以龙为题材的玉雕件。

估价约为 3 万元之上。

水月观音玻璃种

几年前，在一位朋友手里见到这件玻璃种观音挂件，其种水和雕工使笔者甚为震惊。“玻璃种”是翡翠最高等级的种水，细腻通透干净，几乎与玻璃一样透明，所以行内以“玻璃种”谓之。它的矿物结晶颗粒呈显细微粒状，粒度均匀一致，晶粒最小的平均粒径小于 0.01 毫米，肉眼不可能观察到有颗粒感。一般情况下，玻璃种均出自老坑，所以行内也常称其为“老坑玻璃种”。它是山川大地亿万年之精华，历史上所谓的“帝王绿翡翠”就大多属于老坑玻璃种。

玻璃种的翡翠饰品在加工时，为了显示出其晶莹剔透的质地，常被加工成素面型，其上尽可能少雕花纹而留出较大的光滑平面。如果必须雕纹也是以不伤料为原则，业内称此雕工为“透水”，属高档品种的极品。玻璃种的翡翠如果没有任何颜色，行话称之为“白玻璃”。这种原料做成任何成品都令收藏者趋之若鹜。最优的玻璃种能够“起莹”或“起杠”，即玻璃种翡翠表面上带有一种隐隐的蓝色调的浮光游动。如果玻璃种带翠色，色浓翠艳夺目、色正不邪、色阳悦目、色匀和谐，即被称为“老坑满绿玻璃种”，这种翡翠即使在行内或收藏界里也是极为罕见的。

这件“水月观音”挂件高 53 毫米，宽 21 毫米，重 9.7 克，纯净无色，隐隐泛蓝，莹光浮动，正是最优之玻璃种。好料必须好工。此件观音一定是高手所雕，她面相端庄，体态优美，十指纤纤，衣饰线条可谓“吴带当风”。

在佛教各种菩萨像中，观音菩萨像的形象众多，大概与观音有各种化身的说法有关。

几千年来，观音大士慈航普度的无数感应故事在亿万百姓中代代流传。因此，也化现出更多的菩萨形相，如送子

观音、杨柳观音、龙头观音、圆光观音、游戏观音、白衣观音、莲卧观音、施药观音、鱼篮观音、德王观音、水月观音、一叶观音、青颈观音、威德观音、延命观音、众宝观音、琉璃观音、蛤蛎观音、六时观音、普悲观音、一如观音、马郎妇观音、不二观音、洒水观音等。水月观音是佛教寺院及信徒经常供奉的观音菩萨像之一。此像有多种形式，有的站立于大海中的莲花上，眺望天上的明月；有的则以月为背景，结跏趺坐于岩石上的莲花座上；也有的是坐在水边，观看水中之月。一概都与水和月相关。这通常被认为是以水中之月来比喻“色即是空、空即是色”的般若玄理。此件上，观音立于莲花之上，以月为背，两眼向下，似视水中之月，正是水月观音的常见形态。

福寿双全贵妃镯

这只翡翠贵妃镯是朋友在缅甸一位矿主手里购得的，属于收藏级的珍品，它小巧玲珑，内径 58 毫米，厚 6 毫米，重 30 克，最适合温婉秀丽的女子佩戴。这只手镯的珍贵之处在于它的颜色：糯质的底子上有一段 40 毫米长的浓艳的绿色，同时还有将近 50 毫米长的明亮的翡色，加上另外稍淡的两处翡色和翠色，漂亮的色彩几乎布满了整个镯面。这样的东西，在珠宝店里是不容易看到的，若论经济价值，仅是一段 40 毫米的浓绿就可以使一只手镯达到几十万元，而同时具备翡翠两色则更珍贵。行内称翡翠紫三色一体为“福禄寿”，翡翠两色一体为“福寿双全”，都是十分难得的。这只手镯为椭圆形，人们称之为“贵妃镯”。贵妃镯比圆形镯更贴合人手腕的形状，佩戴起来也更美观一些。从制作的角度讲，有时受原料

尺寸的限制，做成椭圆的形状更节省材料。

玉手镯一直是我们中国文化中最重要的珠宝之一，一般都以吉祥、爱情、祈福为主题。佩戴它，人们相信可以具有吉祥、平安、永恒、幸福、富有以及前程远大、逢凶化吉、遇难呈祥等寓意。另外玉手镯还常常象征统一、和谐、典雅以及女性的温柔。直到今天，一直流传着这样的故事，手镯能保护佩戴者免于伤害，手镯能够化解各种负面的影响以及给其佩戴者带来福气。例如，佩戴手镯的人在偶发事故中可能发现心爱的手镯损坏，然而自己未受伤害。

中国人佩戴手镯的习俗由来已久。在距今六千年左右的半坡遗址，考古学家已发现了陶环、石镯等古代先民用于装饰手腕的镯环。商周至战国时期，手镯的材料多用玉石。西汉以后，由于受西域文化与风俗的影响，佩戴臂环之风盛行。隋唐至宋朝，妇女用镯子装饰手臂已很普遍，称之为臂钏。唐宋以后，手镯的材料和制作工艺有了高度发展，有金银手镯、镶玉手镯、镶宝手镯等等。到了明清乃至民国，以金镶嵌宝石的手镯盛行不衰，在饰品的款式造型上、工艺制作上都有了很大的发展。

手镯虽然被认为是手臂的装饰物，是人们最早萌生的一种朦胧的爱美意识，但也有许多专家认为，手镯最初的出现并非完全是出自于爱美，而是与图腾崇拜、巫术礼仪有关。同时，也有史学家认为，由于男性在经济生活中占有绝对的统治地位，使得戒指、手镯等饰物有了一种隐喻，即拴住妇女，不让其逃跑。

以现在来看，手镯的佩戴，其审美功能往往是第一位的，同时也兼具投资保值和收藏功能。估价 60 万元。

“人间活佛”话济公

佛教题材的图案在翡翠作品中是很常见的，它反映了人民群众祈求神灵保佑、平安健康的良好愿望。除了观音和弥勒佛之外，玉雕上还常有和合二仙、罗汉等形象。这个小把件比较少见，上面雕刻的是在民间知名度很高的济公。此件高 59 毫米，宽 34 毫米，仅重 55 克，所以亦可作为挂件垂于项间。雕件质地通透细腻，底色较暗，通体呈茄紫色，干净无暇。雕工生动传神，济公的面相肖似著名演员游本昌：头戴僧帽，面带狡黠诙谐的笑容，坦胸露怀，瘦骨嶙峋，连一根根肋骨都清晰可数。背面雕刻了一柄芭蕉扇，插于领口之内。雕件的正面，济公左手下方还有两个连在一起的柿子，这是玉文化中又一常见题材“喜事连连”。

济公是历史上真实存在的人物。他原名李修元，南宋浙江台州人，出生在天台山永宁村。初在杭州灵隐寺出家，后住净慈寺，是一位学问渊博、行善积德的得道高僧，被列为禅宗第五十祖，杨岐派第六祖。济公破帽破扇破鞋垢衲衣，貌似疯癫。他不受戒律拘束，嗜好酒肉，举止似痴若狂。他懂医术，为百姓治愈了不少疑难杂症。他好打不平，息扶危济困，除暴安良，彰善罚恶。因而在人们的心目中留下了独特而美好的印象，被称之为“济癫”，尊之为“济公活佛”。

济公的一生富有传奇色彩，他既“癫”且“济”，在人们的心目中留下了独特而美好的印象，人们怀念他、神化他。《西域志》载：“天台山石梁桥古方广寺，五百罗汉之所住持，其灵异事迹往往称著。”而济公诞生时正好碰上国清寺罗汉堂里的第十七尊罗汉（即降龙罗汉）突然倾倒，于是人们便把济公说成是罗汉投胎。道济成为历代供奉祭祀的神灵，其成佛后的尊号长达 28 个字：“大慈大悲大仁大慧紫金罗汉阿那尊者

神功广济先师三元赞化天尊”，集佛道儒于一身，堪称神化之极致。

把济公形象雕制翡翠，正说明其深得人们喜爱，人们也希望佩戴它能够驱邪避灾，平安幸福。

此件因为很少见，适宜于收藏，目前市场价位约在4000–5000元之间。

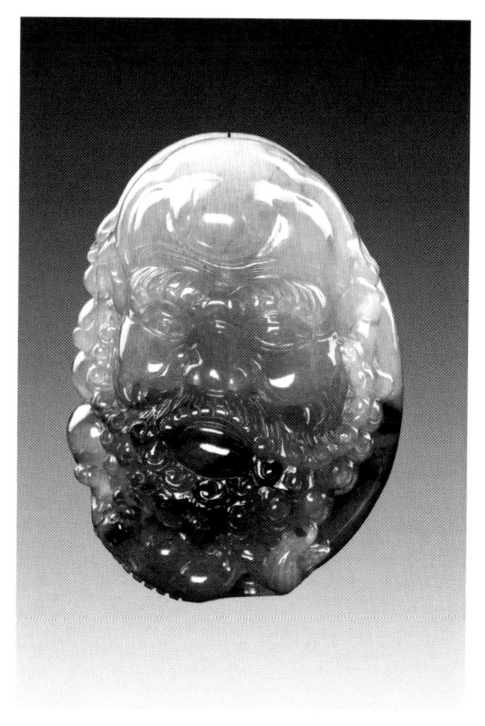

三色翡翠达摩像

达摩亦是佛教人物，是中国禅宗的始祖。他生于南天竺（印度），婆罗门族，传说是香至王的第三子，于中国南朝时期航海到广州。先至南朝都城建业会梁武帝，又北上北魏都城洛阳，后卓锡嵩山少林寺，面壁九年，传衣钵于慧可。东魏天平三年（公元536年）卒死于洛滨，葬在熊耳山。普通人对达摩的了解，主要是通过家喻户晓、为人乐道的故事，如一苇渡江、面壁九年、断臂立雪、只履西归等。传说梁武帝得知达摩离去的消息后深感懊悔，马上派人骑骡追赶。达摩看见有人赶来，就在江边折了一根芦苇投入江中，化作一叶扁舟，飘然过江。相传嵩山僧人神光欲拜谒达摩求道，达摩面壁端坐，不置可否。神光在寺外站立一夜，积雪没过双膝，并取利刃自断左臂明志。达摩才留他在自己的身边，并为他取名慧可。慧可就是日后禅宗在中国的第二代祖师。达摩圆寂安葬后，有人在葱岭一带仍遇见他杖挑只履西归，便将此事报告皇帝。皇帝命人挖开达摩墓葬，只见棺内空空，只有一只鞋子。

这个翡翠雕件整体雕刻了达摩的头像。如通常画像中所见，达摩须眉浓密卷曲，额头高阔，目光深邃，神情严肃，胡人特征明显。雕刻者选用的材料也是费了心思的，这块翡翠为偏深的茄紫色，胡须处又恰好飘散着些许较深的蓝绿色，而头部顶端则带有冰黄色调，这就更好地表现了独特的达摩形象。在达摩胡须之下，作者又别出心裁地雕了一只小小的貔貅，仰附于下巴的部位。这又把中国传统的世俗文化与外来的佛教文化结合在一起，表达了祈福的意愿。

此件的材质还算是上乘的，属老坑种翡翠，三色集于一身更不多见，加上题材的独特，也是收藏的对象。雕件体量不大，重约82克，估价为7000元。

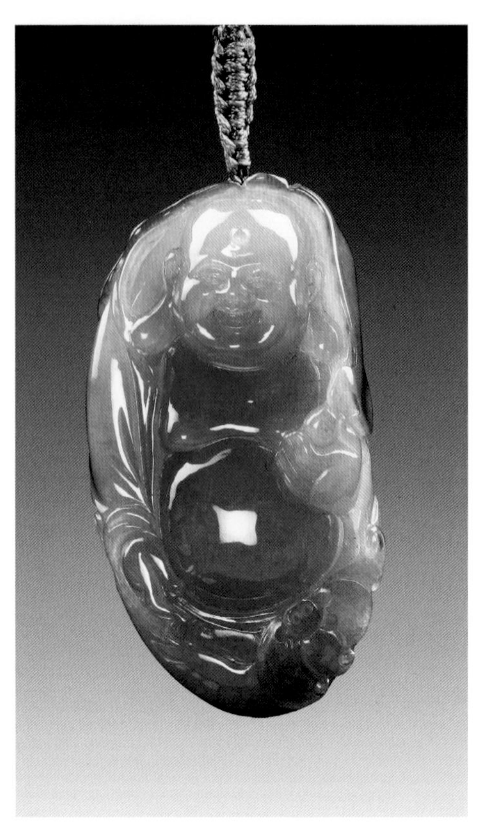

五福临门弥勒佛

这件翠雕的主体，是经常可以看到的笑容可掬的弥勒佛，与通常所见不同，弥勒佛周身雕了五只蝙蝠，在玉文化中，五只蝙蝠即是“五福临门”的意思。

“五福”最早的说法见于《书经》的《洪范》:“一曰寿、二曰富、三曰康宁、四曰攸好德、五曰考终命。”“长寿”是命不夭折而且福寿绵长；“富贵”是钱财富足而且地位尊贵；“康宁”是身体健康而且心灵安宁；“好德”是生性仁善而且宽厚宁静；“善终”是没有遭到横祸，身体没有病痛，心里没有挂碍和烦恼，安详而且自在地离开人间。这是中国人对“福”最早的具体阐释。

五福当中，最重要的是第四福——“好德”。因为德是福的原因和根本，福是德的结果和表现，以此敦厚纯洁的“好德”，乐善好施，广积阴德，才可以培植其他四福使之不断增长。长寿之因是好生护生之德，施他饮食。富贵之因是施财施恩于他人。无病之因是施药戒杀，心慈无害。子孙满堂贤孝之因是多结良缘，爱惜大众。善终之因是有修有养，修行福德。

由于避讳，东汉桓谭在《新论辨惑第十三》中把五福改为：“寿、富、贵、安乐、子孙众多。”后来，五福又演化为“福禄寿财喜”，更加符合世俗的要求，而心灵安宁、有美德则属于对精神层面的要求。

那么“五福”为什么与弥勒佛雕刻在一起呢？许慎在《说文解字》中说：“福，佑也。”观音菩萨和弥勒佛都是保佑众生的，人们认为，“五福”的实现也要靠神灵的保佑。

此件翠雕高 65 毫米，宽 42 毫米，重 132 克，为一块老坑水料雕成，底色淡油青，外层有冰黄色皮壳，作者充分利用黄翡皮色俏雕了不同形态的蝙蝠，除表现了鲜明的主题之外，亦增加了灵动之感。市场价位在万元以上。

墨翠观音透红绿

墨翠是翡翠中的一种。“墨”，顾名思义，就是黑色；“翠”，则指的是翡翠颜色中绿色。墨翠的特征是表面看起来是黑色的，但是在透射光下却显示幽深的墨绿色或者暗绿色。墨翠实际上并非黑色翡翠，而是很深的绿色，墨翠是由于绿色过度地浓集而导致在外观上呈显黑色。墨翠的主要矿物为绿辉石，含有少量的硬玉、钠铬辉石、钠长石、透闪石等矿物。

墨翠的种、水、色也有高下之分。好的墨翠质地细腻，结构致密，均匀，透光度好，其黑如墨，但又透出翠绿颜色，没有明显的瑕疵和缺陷，这样的墨翠价格也很高，甚至可以和绿色的翡翠相媲美。

墨翠外表纯正的黑色和明亮的光泽代表了稳重、神秘、正义和力量。道教中阴阳八卦以黑白为图案；黑脸的包公专门惩治邪恶，体现出大气凛然、铁面无私的气概；传说中黑色的钟馗专门打鬼驱神，保护百姓辟邪求安。黑色犹如耸立的钢筋铁塔，表现出男士坚强的意志与刚正不阿的阳刚之气。而观音形象柔和，仪态端庄，佩戴者可消弭暴戾，远离是非，消灾解难。墨翠犹如男子一般，既展现了外表阳刚的一面，也体现了内心温柔似水的一面，是男子外刚内

透红

透绿

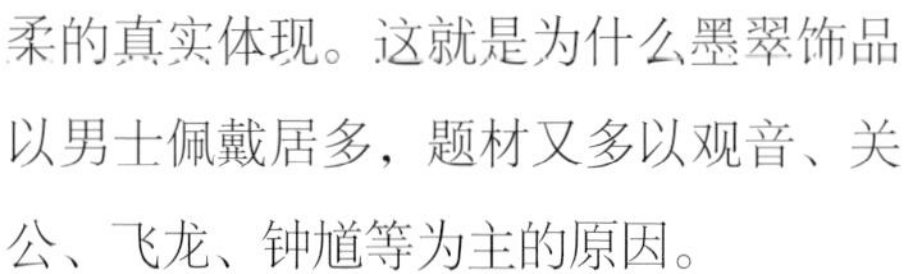

柔的真实体现。这就是为什么墨翠饰品以男士佩戴居多，题材又多以观音、关公、飞龙、钟馗等为主的原因。

这件观音挂饰是一件极为难得的高档墨翠。它高 73 毫米，宽 50 毫米，厚 10 毫米，重 80 克，用料是一般观音牌饰的五六倍。质地细腻均匀，墨黑油亮，通体不见瑕疵。以深浮雕技法刻画的观音端坐于莲花座上，皮肤等处采用磨砂处理，而另外部分则糅出高光，在明暗反差下更显得雕工精妙传神。雕件的背面亦有雕工：浮云清月，山石仙鹤，海浪游鱼，显得疏朗有致。用强光灯投射，可见内部翠绿，而在观音头部左侧，则有一条红翡显现。墨翠里面既有翡又有翠，是极为罕见的。此件是难得的收藏佳品，目前市场价位至少要在 15 万元以上。

母子情深墨翠熊

这是一件颇有情趣的手把件，其题材反映的不是传统玉文化的寓意，而表现了动物世界的情感。其形近圆，直径约 50 毫米，高 87 毫米，重 346 克，以墨翠俏色雕成。一只体态肥硕的黑熊呈坐状，肩扛一丛长满绿色浆果的树枝，一只憨态可掬、动感十足的小熊正爬在母熊背上伸手摘果子吃。前文讲过，种水好的墨翠用强光照射，可见内部绿色。这件翠雕因为是圆雕，厚度太大，光线无法透过，但从熊耳等稍薄之处可以看出通透的绿色。此件是笔者七年前在翡翠市场上偶然遇到，以一万多元的价格买下。收藏它的理由是：材质珍贵，题材独到，价钱适宜。像这么大的墨翠料子，可以切开做七八块观音牌子；颜色漆黑，还有一块由淡绿至浓绿的翠色运用得恰到好处；大小正好适合握在手里，凸起于表面之上的一颗颗圆形浆果对手掌上的穴位可以起到很好的按摩作用。到手后笔者经常随身携带把玩，开车途中休息时，拿在手中握握，驾驶的疲劳会减去许多。

缅甸人称墨翠为“情人的影子”或“成功男人的影子”。称它为“情人的影子”，是因为墨翠像是佛经当中所记载天上仙女们乌黑亮丽的秀发一般，在正常光线之下是乌黑油亮的色泽，但在强光之下却透出了神奇的深绿色，于是这种梦幻的颜色就被比喻成占满男人心田的美丽倩影；称它为“成功男人的影子”，是因为它像成就大事业的男人身后所形成的巍峨身影一般，紧随在男人背后。

因为埋藏于地表深处，产量稀少，开采有限，现在市场上墨翠很少见到，在翡翠制品中数量不到 2%，再加上它独特的隐性颜色特征，配合上高超的雕刻

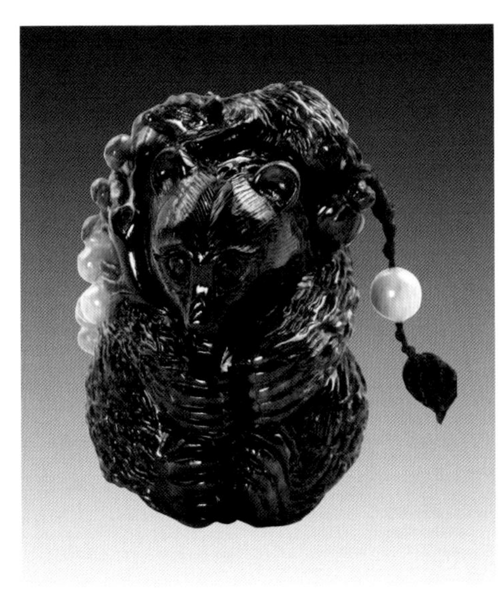

正面

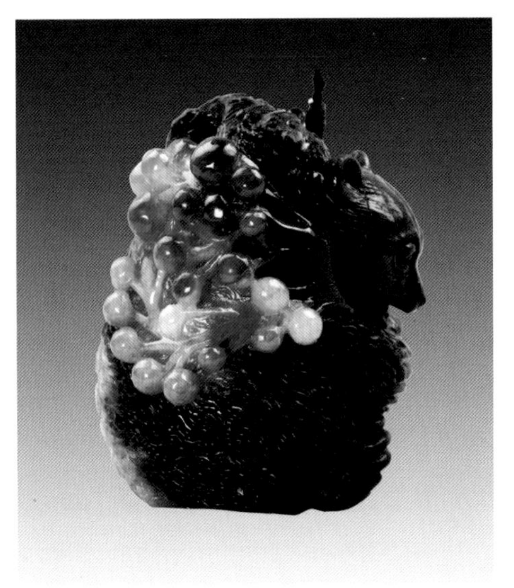

侧面

艺术和深刻的玉文化内涵，所以很有吸引力，如果是种水好品质高的，更是价值不菲。依据中国传统的阴阳五行学说，“黑色属水，水能聚财”，中国自古又有黑色辟邪、护身之说。因其离地心较近故磁场较强，风水师认为墨翠具有辟邪、防毒虫、驱猛兽的作用，更有招引财气的磁场。

所以，这件藏品还是很有价值的。眼下的价格应在 5 万元上下，但现在要是想买到这样的作品却不是容易的事。

翡翠佛手紫而糯

紫色翡翠又称“紫翠”,色称为春色、紫罗兰，是翡翠中常见且有较高市场价值认同的颜色之一。紫色浓艳高雅，浅紫清淡秀美，红紫庄重富丽，独具特色。市场上常见的紫色翡翠根据色彩及饱和度可以分为五种：皇家紫、红紫、蓝紫、紫罗兰、粉紫。

皇家紫：是指一种浓艳纯正的紫色，它的颜色色调非常纯正，饱和度一般较高，亮度中等，因而显出一种富贵逼人、雍容大度的美感。这种紫色实际上非常少见，属理论级翡翠，即使在紫色翡翠中也是百里难寻其一，具有很高的收藏价值。

红紫：是一种偏向翡红色调的紫色，

它的颜色饱和度通常中等，少见很高饱和度的类型，在紫色翡翠中也不算常见，其价值认同很高。

蓝紫：是一种偏向蓝色的紫色，它的饱和度变化较大，从浅蓝紫到深蓝紫都可见到，是紫色翡翠中较常见的类型，行话称“茄紫”。当饱和度偏高，颜色常有灰蓝色的感觉，亮度一般较其他类型低。

紫罗兰：是商业翡翠中最常见的一种，紫色从中等深度到浅色，这种紫色常常出现在一些质地粗或细的翡翠中，有时也会和绿色一起出现,形成所谓“春带彩”，是紫罗兰种翡翠的标准色。

粉紫：是一种较浅的紫色，可以有偏红或偏蓝的感觉，但达不到红紫或蓝紫的水平，虽然其紫色仍然比较明显，但饱和度比较低。它常常出现在一些水头较好、质地细腻的翡翠中。

紫罗兰翡翠的种分以藕粉地居多，通常结晶颗粒较粗，透明度较低。目前种分很细腻，同时色彩浓艳的紫色翡翠价格上升得很厉害，和一般的颜色浅、暗、质地不细腻的紫色翡翠形成鲜明的对照，而且两者的差距越来越大。原来好的紫罗兰手镯不过几万元的样子，现在已经涨到了40万到50万元。这件翠雕把件种分十分细腻，肉眼见不到结晶体，水头亦可，可以归于糯化种。以圆雕手法雕作佛手，表面趴着一只貔貅，简洁干净。佛手谐音“福寿”，是玉雕中最常见的题材；貔貅的作用是辟邪、聚财，在这里还代表兽类，同样是“寿”的意思。所以这个雕件的文化含义就是“福寿双全”。其紫色属于粉紫，并在蒂处带点翠色。其形状浑圆，高71毫米，径36毫米，重142克。市场价万元以上。

鹿鹤同春不老松

翠雕的纹样基本是都是属于传承下来的，表达了吉祥祈福的寓意。这件翠雕把玩件，正面雕刻了鹿、鹤、松以及祥云和山石，背面则简洁干净，山石之上祥云缭绕，下有兰草数株。它们的含义是什么呢?

首先，而其标准的含义为“鹿鹤同春”，又名“六合同春”。六合是指天地和东西南北六个方位，亦泛指天下。李白有诗曰：“秦王扫六合，虎视何雄哉。”“六合同春”便是天下皆春，万物欣欣向荣。“六”的大写为“陆”，民间运用谐音的手法,以“鹿”取“陆”之音；“鹤”取“合”之音。“春”的寓意则取花卉、松树、椿树等。这些形象，组合起来构成“六合同春”吉祥图案。在明代，也有以六只鹤来表现六合同春之义的。同时，在中国传统文化里，鹤象征长寿,鹿象征纯朴温顺而且与“禄”谐音，松树寿长且又岁寒不凋，所以，它们组合在一起，又具有了“福禄寿”的寓意。

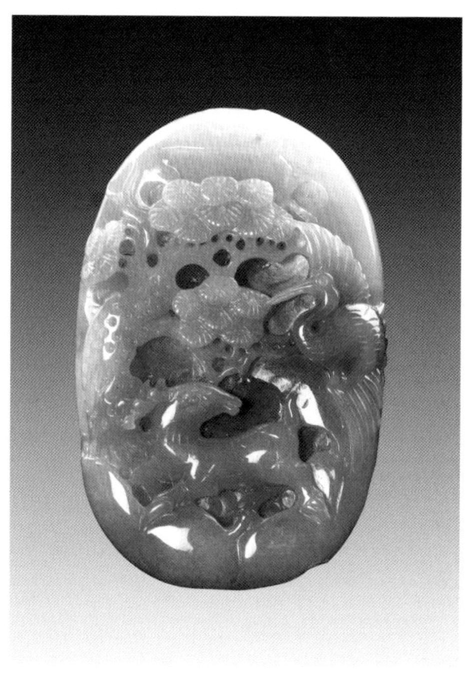

此件高 83 毫米，宽 55 毫米，厚 25 毫米，重 152 克，以深浮雕技法将松、鹤、鹿等和谐地布局于一体，刻画细致生动，比例协调。加上玉质致密通透，种分较老，色泽典雅，通身呈现蓝绿色调，看上去十分舒服。其种分属于糯化种，颜色近于江水绿，雕工上乘，器型圆润，大小适中，是件不错的藏品。估价为 8000 元。

鱼跃鸟飞集一身

笔者在收藏过程中，有时会遇到纹样比较特别的雕件，这时用传统的认识就不好解释了。翠雕要依据材料因材施艺，同时也受作者主观意识的影响，与每个人的审美观、价值观密切相关。像这件翡翠把玩件，雕工比较复杂，从技法上讲，圆雕、镂雕、深浮雕都用上了，但主题不是一下子能看出来的。

雕件正中是一个雕得十分精细的鱼篓，其下有一硕大的莲蓬，两侧水花翻卷。上部仙鹤展翅，游鱼腾跃，周围还有四柄如意与金钱等。把件背面被雕作一片大大的莲叶，向上翻卷，把正面的纹饰从四周围起。这样的纹饰该如何理解呢？首先，其上有莲蓬、荷叶与鱼，自然包含了“连年有余”的意思，鱼篓则是盛满财富的意思，四柄如意即是“事事如意”。以上都是传统玉文化中常见的题材。不同寻常之处在居于显著位置的鱼和鹤，笔者以为，这是玉雕作者赋予雕件的现代意义：“海阔凭鱼跃，天高任鸟飞。”这样，作品除了蕴含了传统的吉祥祈福寓意之外，更具有了激励人们积极向上的时代精神。

此件外形椭圆，高 85 毫米，宽 55 毫米，厚 24 毫米，重 151 克。玉质一般，水头尚可，不见颗粒，没有瑕疵，雕工精细生动，在略微有些紫色的底子上透出淡淡的青绿，显得十分素雅。由于玉质一般，价格为 5000 元左右。

飞龙在天高冰种

这是一件极为难得的翠雕佳品，质地为高冰种。此种翡翠其矿物成分和结构有如下特点：一是矿物组成比较单一，以硬玉为主，其他矿物成分含量很少；二是颗粒程度细小，通常小于 0.1 毫米；三是矿物颗粒呈纤维状或微粒状结构；四是矿物颗粒结合紧密。因此，在肉眼看来，几乎像无色的玻璃一样纯净通透。这样的“老坑种”翡翠平时难得一见，如果雕工、题材上乘，是收藏者青睐的对象。

这件把件重 72 克，长 68 毫米，宽 40 毫米，厚 20 毫米，运用了圆雕、镂雕、透雕、浮雕等多种技法，雕刻了多种纹样。

正面上方：一条苍龙腾空而起，两翼翻飞，龙身躬曲呈“C”形，龙头正面向下俯视，威猛神勇。这种纹样表现的题材正是“飞龙在天”。“飞龙在天”是重卦乾卦五爻的爻辞。在周易中，以八卦为基础又两两重合而构成六十四重卦，又称复卦。重卦乾由上下两个乾卦重合而成。它的卦形由六根阳爻组成。爻是要从下往上数，而阳爻又以九代称，故从下数第五爻称九五。九五之爻在上乾卦中居于中的位置，称“得中”，

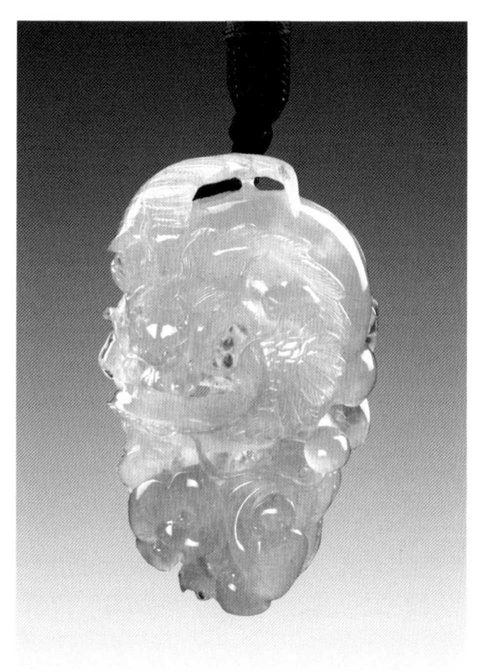

正面

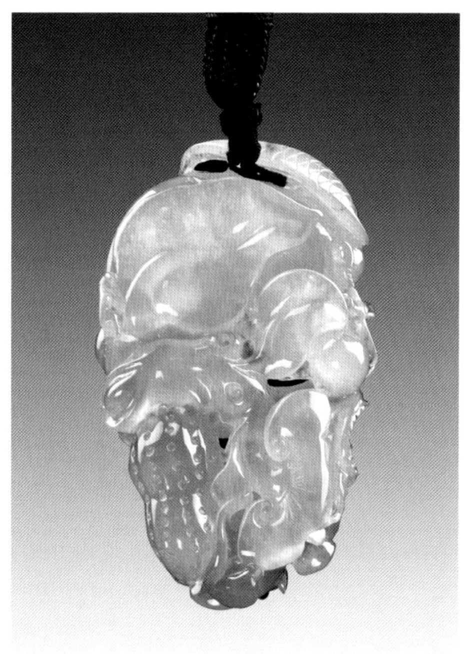

背面

而且从总卦来看，它处于奇数的位置，阳爻处于奇位称“得正”，故九五爻既“得中”又“得正”，从其所处位置来看，就是大吉大贵之位。所以它的爻辞是飞龙在天，以龙飞在天上，对应于人事便是说事物处于最鼎盛时期。在飞龙下面，雕刻了两柄如意，取其谐音，构成“生意兴隆”的题材。雕件最下方，一只灵动的老鼠与飞龙相对而视，老鼠在生肖里属“子”,因此又构成“望子成龙”的题材。

再看背面：上方一片柿树的树叶，代表“事业有成”。中间是一段树桩，上发嫩叶，表示“枯木逢春”。而下方则左右对称雕作花生和如意，这就构成了“人生如意”的寓意。

综观整个雕件，一共雕刻了六种事物,表现了“飞龙在天”、“望子成龙”、“生意兴隆”、“事业有成”、“枯木逢春”、“人生如意”六个题材，这么丰富的文化内涵集于一身，实在是不多见。

此件种水上佳，雕工极为精湛，各个纹饰之间多用镂雕之法隔开。细微之处更见功夫，如龙的眼、角、齿、须栩栩如生，两根龙须镂雕成型，仅有绣花针般粗细。尽管此件体量不大，但由于玉质珍贵，构思奇巧，而且是一流的雕工，再加上丰富的文化内涵，实为罕见的收藏上品，目前价格应该定在 18 万元以上。

“岁岁平安”翠玉米

翡翠雕件中，也有日常生活里常见的果蔬等物，它们一般也都表现一定的吉祥、祈福的寓意。这件翡翠玉米倒是不多见，于是便进入了笔者的收藏行列。

此件长 85 毫米，截面略呈圆形，径约 42 毫米，重 117 克，很适合握在手里把玩，特别是凸起的一排排玉米粒，能对掌上的各个穴位起到很好的按摩作用。它的水头一般，玉质却很细密，看

不出颗粒结构，大体属于“芙蓉种”的范围。作者以圆雕、浮雕之法将其雕成一穗已成熟的玉米棒，玉米皮自然分开，玉米粒饱满整齐，头上的玉米穗自然弯曲下垂。另有一只貔貅伏于一侧的玉米皮上，玉米穗边还趴着一只小小的绿色甲壳虫，背面的玉米皮上有块黄翡色，被俏雕成了一枚钱币。整个雕件自然有趣，充满生机。

玉米因为是穗状，它的含义通常是“岁岁平安”，这与玉雕上常见的谷穗、麦穗等纹样的寓意是一样的。玉米还有另外一种含义“多子”，这与葡萄、石榴一样，因其形态而得其义。貔貅在玉雕上特别常见，一般是生财聚财和辟邪的作用。甲壳虫则取其谐音，表达“富甲天下”之意。这个不大的把玩件底子很干净，难得的是颜色很喜人，翠、翡、紫都有，绿色多一些，整体看起来就像人工培育出的彩色玉米。目前市场价位约在 6000 元。

正面

背面

飞龙在天潜龙藏

前面讲过,《易经》里有一卦象“飞龙在天”，是由两个乾卦重合而成的重乾卦，此卦在六十四卦中居于大吉大贵之位，对应于人事是说事业正处于鼎盛时期。《易经》里还有一个卦象“潜龙勿用”，是乾卦的第一个爻辞。潜龙伏在水中养精蓄锐，暂时不能发挥作用。

它指事物处于萌芽阶段，君子在还没能施展才华的时候，正处在一个逆境，于是就得格外小心谨慎，把自己的光芒收敛起来。对于“潜龙勿用”这个词，孔子也有精辟的解释。《论语》曰：“潜龙勿用，何谓也？”子曰：“龙，德而隐者也。不易乎世，不成乎名，遁世无闷，不见是而无闷。乐则行之，忧则违之，确乎其不可拔，潜龙也。”引申出来的意思是：时机未到，如龙潜深渊，应藏锋守拙，待机而动。

笔者今年收藏的一件手把件正是与此有关。此件几乎通体是漂亮的棕红色，拿在手里，如果不注意，可能会被当成纯翡色雕件。作者把它随形雕作了一条飞龙，重点刻画了龙头、龙翼，龙身则做了简化处理。而在背面中央有一处不显眼的白色，干净细腻，作者将其雕作一条呈蛰伏状的螭龙，俏色之妙，巧夺天工。置于掌中把玩，不得不佩服雕刻师的奇妙构思以及文化修养。一红一白，一彰一隐，一动一静，恰恰一条飞龙一条潜龙。欣赏此件，不仅可以感受美玉和雕刻艺术之美，更使人领略到中华文化的博大精深和古代哲学的深邃睿智，并从中领悟做人谋事的处世之道。

此件重 94 克，长 66 毫米，厚 40 毫米，玉质细腻，翡色明亮，白色干净，雕刻奇巧精到，实为收藏佳品，价格过万。

富贵“太师”与“少师”

太师是从西周开始就有的官称，古文经学家认为三公指太师、太傅、太保。《宋史·百官志》中说“晋称依《周礼》，备置三公。三公之职，太师居首”，少师是春秋时期楚国设立的职位，后历代沿袭，并与少傅、少保合称“三孤”。在雕刻和绘画中，人们借用谐音，用一大一小两只狮子组成太师少师图。狮是尊贵和威严的象征，“狮”与“师”同音，借谐音太师少师寓意辈辈做高官。

这件“太师少师”把件是用带黄蜡皮的翡翠原石随形雕成，整体呈一只粽子的形状其中有三个面基本保留了原有的黄翡皮壳，顺势雕成一只拱背勾首的大狮子，在大狮子背上和一侧，还分别俏色雕出一柄如意和一串金钱。如果将这个粽子状的把件平面放置，人们看到的就是一只通体黄翡色的雄狮。而把它拿起来，可以看到底下的一面还有一只以镂雕的手法雕出的神态可爱的小狮子。这件把玩件的题材及其寓意就非常明白了。不过此件还有另外一种寓意，

正面

底面

即“事事如意”。因为两只狮子谐音“事事”，加上如意，就构成这个题材。

此件高 46 毫米，宽 59 毫米，重 140 克。种水不错，黄翡色的皮色运用得恰到好处，是这个雕件的亮点。玉质细腻，肉眼不见颗粒，干净无棉，雕刻生动精细。只是黄翡下面的颜色稍暗，影响了其价值。估价 8000 元以上。

“处处逢源”变色龙

这是一件平常不多见的翡翠雕件，整体呈现淡绿色，以圆雕和镂雕的方法刻画了一只蜥蜴，蜥蜴身下是由三个连在一条藤蔓上的如意，雕工灵活，栩栩如生，动态鲜活，颜色喜人。关于蜥蜴的玉雕含义有几种说法：其一，蜥蜴是爬行纲有鳞目蜥蜴亚目所有动物的总称，其科目分支之一变色龙，龙代“隆”，所以作品亦有代表事业兴隆、生意兴隆的美好祝愿；其二，蜥蜴也叫“蝾螈”，有“处处逢源”之意。蜥蜴代表无往不利，所到之处，没有不顺利的；其三，取蜥蜴的“喜”音，象征万事如意，财富和幸福连绵不断，也有“今非昔比”的说法。总之，都是喜庆吉祥的意思。

此件的玉质温润细腻，地子干净，颜色嫩绿；雕工很有特点，底面雕的几个如意被处理成平面，蜥蜴形态可爱，

正面

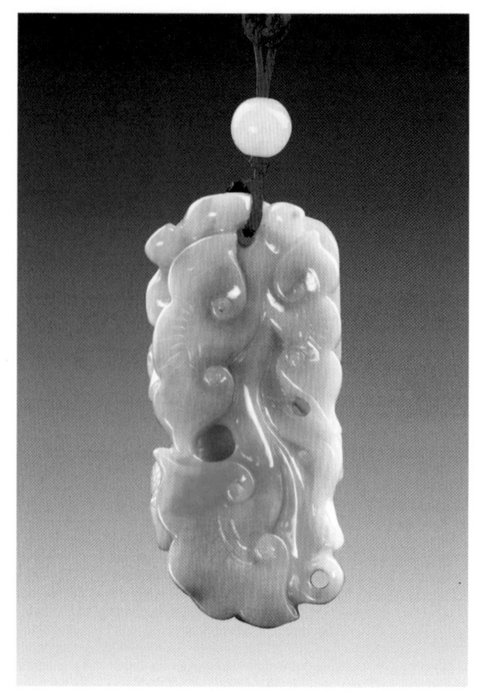
背面

四肢躬曲，似乎正在准备向前冲刺。看上去极富生命活力。

这个雕件重83克，长70毫米，高28毫米，宽33毫米，非常适合作为把玩件佩与腰间。由于底面平整，放置案头亦很稳当。因其绿色喜人，底子细腻，虽然水头不很通透，价格也要在万元左右。

满绿把件“节节高”

“节节高升”的题材在翠雕中十分常见，这件东西却极为难得。8年前在一家玉店里见到它时笔者一眼看中，老板说已经有人打过招呼，回头准备钱了。了解到别人并未交定金，笔者执意要买下，当时的价格就好几万元。几天后一次朋友聚会上，两位关系很好的友人非要笔者转让，笔者以“玉者缘也”之类的话搪塞过去。其中一人多年一直惦记此物，前些年又以一部2.4排量的新别克轿车相交换，笔者仍不为所动。现在它的价值恐怕要三四台别克了。

说它难得，主要是颜色漂亮，这么大的手把件，通身满色，而且是艳绿正色。在笔者多年的收藏经历中，这样大的没有杂色的把玩件确实没有见过第二件。此件的构思和雕工也颇有新意：左面是一截劲竹，其下面的结节处有一枝

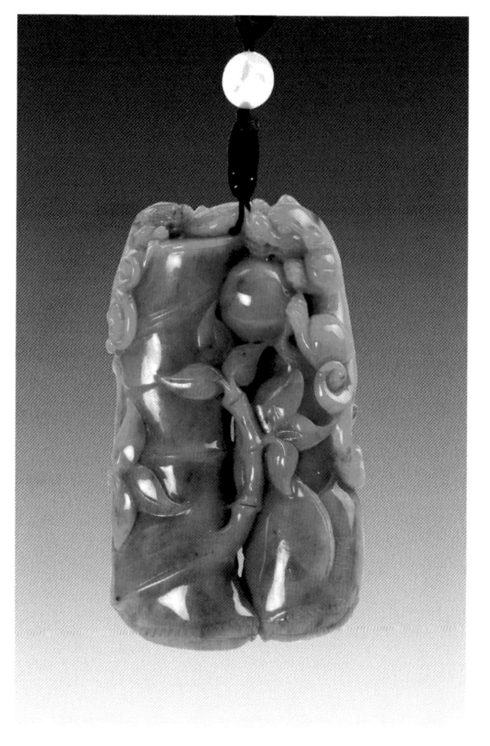

“鸿运当头”生意隆

在各种题材的翡翠雕件上，常常可以看到貔貅的身影。貔貅又名天禄、辟邪，是中国古代神话传说中的一种神兽，龙头、马身、麟脚，形状似狮子，毛色灰白，会飞。据古书记载，貔貅是一种猛兽，为古代五大瑞兽之一（此外是龙、凤、龟、麒麟），被称为招财神兽。貔貅曾为古代两种氏族的图腾，传说帮助炎黄二帝作战有功，被赐封为“天禄兽”，即天赐福禄之意。它专为帝王守护财宝，也是皇室象征，称为“帝宝”。又因貔貅专食猛兽邪灵，故又称

细竹生出，右面则为粗硕的竹笋生机勃发。竹在玉雕中自然是“节节高升”之意，而竹节生枝、竹笋勃发的意蕴呢？笔者以为，应是“代代高升”之意。这与“福禄万代”题材中的大小葫芦的表现方法是一致的。在竹节和竹笋的上部还分别雕有一大一小两条螭龙，这除了表现“苍龙教子”之意以外，也有“代代高升”的含义。

这个雕件整体呈长方形，高76毫米，宽46毫米，厚21毫米，重158克，玉质细密，不见颗粒，颜色珍贵难得，可作收藏和传家之用。估价70万－80万元。

"辟邪"。中国古代风水学者认为貔貅是转祸为祥的吉瑞之兽。另外一种说法，貔貅是龙的第九个儿子。正是由于这些因素，它经常出现在玉雕上就不奇怪了。

在这件翠雕上，貔貅是主体，而且双翅雕得很突出。身下及头部的一侧雕的都是金钱，这和貔貅生财聚财的功能有关。另外，在貔貅头上，还有一片用红翡俏色雕成的祥云，构成了"鸿运当头"的寓意。在雕件背面，貔貅身躯紧连一柄如意。因为貔貅是龙子，取其"龙"音和如意的"意"音，又形成"生意兴隆"之含义。这件翠雕的两层文化内涵就很明白了。

此件除了上部的翡色之外，背面、下面和一侧可见黄翡痕迹，因此可以判断是用一整块翡翠水石雕成。其水头很好，属于"冰种"，颗粒细密而且没有杂质。高 78 毫米，宽 53 毫米，厚 24 毫米，重 177 克。价格约为 4.5 万元。

"一路连科"占鳌头

在古代人们生活中，科举是非常重要的事情。即使在当今，学业进步、金榜题名也是莘莘学子和做父母的最为关切的大事。在多用来表达吉祥祈福内容的玉雕上，自然少不了这方面的题材。这个重达半斤多的把玩件上，表现了"一路连科"、"独占鳌头"两重寓意。

按照旧时的科举制度，从府、州、县基层开始，叫作"童试"。赴考者叫

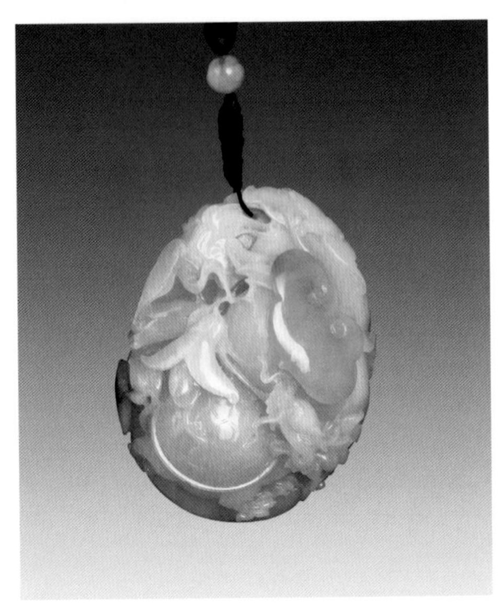

正面

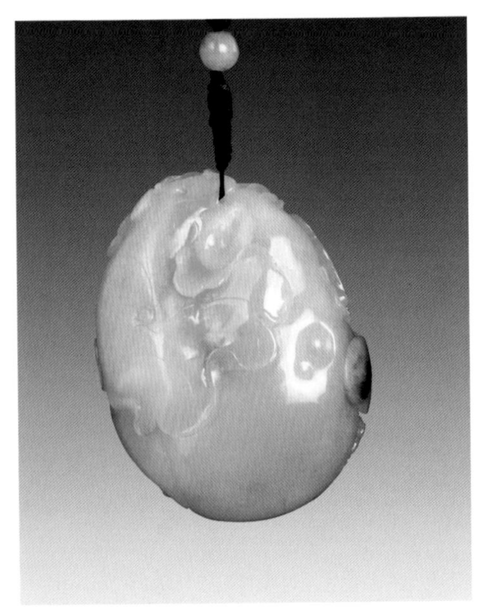

背面

作童生，考中后叫秀才。乡试是正式科考的第一关，在省城进行，考中之后称举人，中了举人便具备了做官的资格；再高一级是会试，在京师举行，赴考者是举人，考中之后称“贡士”；殿试在皇上的金銮殿举行，参加考试者是贡生，此考由皇帝亲自主持，考中以后叫“进士”。“一路连科”即指在乡试、会试、殿试中都被录取，玉雕图案一般用鹭鸶与荷花或莲叶表现。“鹭”与“路”同音，“莲”与“连”同音。寓意应试连捷，仕途顺遂。“独占鳌头”指的是在殿试中考取第一名，中了状元。殿试中考取进士者，列队立在阶下迎接金榜，状元站在最前面，这个位置正好处于宫殿门前台阶上的鳌鱼浮雕的头部，故称“独占鳌头”。

此件正面上方为一展开双翅的鹭鸶，背面有一片用较浅的黄翡色俏雕的莲叶，恰构成“一路连科”之意。在鹭鸶下方，有一只龙头龟状动物，正是鳌之造型，“独占鳌头”的寓意也比较明白。此外雕件最上方还有一只蝙蝠，这是意味着“福从天降”。而最为抢眼的是以黄翡俏色雕成的如意，其鲜亮为这件翠雕增值不少。

这件翠雕为椭圆形，种分细腻，雕工精美，好像绘画中的工笔技法，其上蝙蝠、如意、鹭鸶、鳌鱼、百合花的纹理轮廓都十分精细，除了莲叶之外，所有图案都集中在正面。高 80 毫米，宽 60 毫米，厚 43 毫米，重 294 克。目前市场价格为 1.3 万元左右。

“连升三级”大如意

“连升三级”一般是以三只鸡的图案来表现，也有用插在瓶里的三枝戟或者有三颗豆的豆荚表示的，其意义是仕途发达，得到连续晋升。这件把玩件即是第一种形式，上部雕刻着一只气宇轩昂的雄鸡和一只雏鸡，下部是一只小鸡与一柄如意，雄鸡背后还有一个莲蓬，这是为了取其“连升三级”里的“莲”

的谐音。再看背面：纹饰单一，只是重叠雕着几柄如意。所以此件的表现的题材除了“连升三级”之外，还有“吉祥如意”的内容，鸡与“吉”也是谐音。

此件的玉质不算很好，水头一般，结晶很细密，通体呈淡青色。雕工也比较一般化，而且画面布局稍显芜杂，虽然寓意都很吉祥，但价格上不去。它高76毫米，宽48毫米，厚27毫米，重210克，目前价格也就是3000元左右。作为收藏，价值不大，作为礼物用来送人倒是比较合适的。

“以介眉寿”节节高

这是一件仿子刚牌风格的翡翠牌饰。“子刚牌”是明代玉雕大师陆子刚创制的一种玉雕形式，它一般是长方形的平面形状，用白玉雕制，一面雕刻画面，另一面雕刻诗文。因其雅致有趣，深得文人士大夫的喜爱，直至今天仍为玩玉的人所痴迷。

这块牌子上面对称镂雕一对凤鸟，交颈相向，形态生动。下面呈一矩形，边框规整，其中以双层透雕的技法雕刻了一节挺拔的劲竹、一只姿态优雅的绶带鸟、一朵梅花及花蕾。它的寓意可以有不同的理解。竹子代表“节节高升”这是没有问题的。不少人却把绶带鸟当作喜鹊，与梅花结合起来，理解成“喜上眉梢”。笔者前不久买这块牌子时，店老板就是这样介绍的。其实，喜鹊的尾巴短而上翘，绶带鸟之尾巴却长而下垂，它们的头部也有区别，绶带鸟头上像凤凰一样，有着漂亮的凤冠。《诗经》中有一篇《豳风·七月》，其中说到“八月剥枣，十月获稻，以此春酒，以介眉寿”，意思是：用八月收获的新枣和十月收获的新稻酿酒，饮之可以使人长寿。所以，后来人们就用“以介眉寿”来表达长寿之意。此牌就是取绶带鸟之“寿”音和

梅花之“眉”音来表示“以介眉寿”的意思。

此件雕刻精美，形制规范。高 64 毫米，宽 44 毫米，重 71 克，是人们所说的标准的“四六牌”。玉质细腻温润，颜色干净漂亮，属于“白底青”，即在白色的底子上呈现嫩绿的翠色。它的大小和形态，非常适合随身佩戴，也很有收藏价值。因为它的卖相好，所以价格不菲，应在万元开外。

正面

生意兴隆人长寿

在常见的玉雕上，雕刻两条龙一般用来表现“苍龙教子”的题材。这个把玩件有些与众不同，上面两条螭龙不分大小，两龙之间也没有对视相望，所以笔者不认为是“苍龙教子”的寓意。整个雕件的形态近似粽子，把它置于桌上看：一条龙附在一块大石之上，龙尾上串着两枚大大的钱币；另一条龙则横爬在大石的另一侧的下方，龙头上面雕刻着几乎与龙身一样大的如意。据此，可以判定这是“生意兴隆”之题材。因为这种题材都是取如意的“意”音和龙的“隆”音构成，而且突出表现钱币也是此意。另外，在两龙之间，还雕刻了一段树桩，上面有一只带叶的桃子，此外再没有任何东西了。桃子在玉文化里，只用来表现“寿”的寓意，所以整个雕件就是“生意兴隆人长寿”的意思。

背面

此件重 170 克，高 45 毫米，长约 60 毫米，平宽 45 毫米，种水很好，底色比较干净，如意处呈现油青色略带黄翡，寿桃则为淡绿色俏雕，颗粒细密，是件值得把玩的物件。市场价值过万。

瓜瓞绵绵长相思

在本书《苦瓜也能上玉雕》一文中，笔者介绍了一件以苦瓜为主题的把玩件，上面还雕刻了大小两条龙以及如意等图案。其文化含义有多重：苍龙教子、生意兴隆、苦尽甘来等等。这件翠雕与那件形态相似，题材也大同小异。

此件主题雕作丝瓜，在丝瓜顶上立着一只貔貅，丝瓜身上头朝上爬着一条较小的螭龙，另外，从瓜蒂处往下藤蔓延伸，尽处雕作如意。此件也有多处文化含义。首先，玉文化中大多瓜果都是表现“瓜瓞绵绵”的题材，也就是子孙繁衍不尽的意思；其次，貔貅也是龙，它与小龙构成“苍龙教子”；再者，龙与如意又形成“生意兴隆”；还有，丝瓜的丝与“思”谐音。所以还有“相思”之意。故笔者给本文取名“瓜瓞绵绵长相思”。

“瓜瓞绵绵”把件

此件翠雕大小与那件苦瓜不相上下，长 83 毫米，约呈柱状，宽 38 毫米。种水冰透，略见细小颗粒，底子淡紫，瓜蒂及瓜蔓等处飘有蓝花。最值得一提的是它的雕工，应该比那件苦瓜更胜一筹。貔貅、螭龙、藤蔓与丝瓜瓜身之间施以镂雕之法，这样立体感和动感更强，难度也更大。综合评价，此件比苦瓜件更具收藏价值。目前市场价格约为 1.5 万元。

龙头腰挂辅首形

一般爱玉的男士喜欢在腰间挂一件牌饰或把玩件，正是所谓“君子无故玉不去身”。悬挂的方法一般是将挂绳绕系在腰带上或者裤鼻里。比较讲究的则是选择一件腰挂，而把挂件绕系在腰挂的活环上。笔者所用的这件腰挂比较有特点，它被雕作龙头形状，正面朝外，两只龙角向内弯拢，龙口大张，几乎与龙头等宽，口内镂空，龙舌与上唇相连，而在龙舌上套着一个外径约 25 毫米的活环，这是用来系挂绳的。腰挂背面镂空

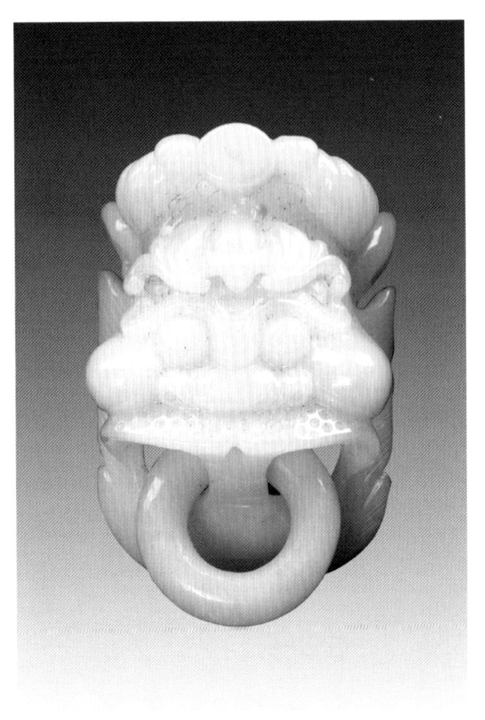

开了一条长槽，以方便穿在腰带上。整个造型精巧而美观，又酷似旧时大门上的铺首，让人一见便生爱意。

此件重 82 克，玉质细腻，种水一般，通体呈淡紫色，应属“芙蓉种”。设计独到，构思新颖，雕工亦好。笔者数年前买它时几乎毫不犹豫，至今在市场上没见到第二件。在这之前，笔者用的是一件银烤珐琅的腰挂，是民国时期的老银器。有了新的就把旧的收藏起来不再使用，一来怕影响其品相，二来翡翠搭配起来更协调。因此这也算是笔者的一件珍爱之物。若论市场价值，不过在 3000 元左右。

翡皮山子《行舟图》

在翡翠作品分类里，比较大的摆件叫作“山子”。这件翠雕摆件不算太大，但是其雕刻的题材属于山水之类，通常人们也把它们称为山子。这件作品用整块原石雕成，重 1000 多克，高 132 毫米，宽 160 毫米，厚 46 毫米。雕刻时，保留了大部分亮翡色的外壳，仅在正面向内雕挖出图形。

画面近处，江岸枝叶繁茂的大树下，一只小舟的船头处，一位古代官员装束的人侧身而立，似在向送行的友人告别；船舱后面，一个艄公模样的老者正用力摇动船桨。远处，山峦耸立，楼阁重重；上方，祥云缭绕，日正中天。表现的是正是古代文人生活中常见的场景“送行舟”。古时人们的物质生活匮乏，交通条件受到很大限制，而精神生活世界却相对丰富，特别是有品位的文人官宦，常常寄情山水，游历四方。所以反映古代文人这方面生活题材的《行旅图》《行舟图》等绘画、雕刻作品十分常见。直至今天，我们还可以从古人留下的书画作品中欣赏到这些充满文人气息的雅致的画面。这件《行舟图》山子可以引发人们神思遐想，联系到许多著名的诗文，浮现出令人神往的意境：如“故人西辞

黄鹤楼，烟花三月下扬州。孤帆远影碧空尽，唯见长江天际流”“渡远荆门外，来从楚国游。山随平野尽，江入大荒流。月下飞天镜，云生结海楼。仍怜故乡水，万里送行舟”“李白乘舟将欲行，忽闻岸上踏歌声。桃花潭水深千尺，不及汪伦送我情”。

此件的构思、雕刻很有特点，它利用了原石形态和翡色黄皮，使淡紫色的玉肉与皮色形成反差对比，从而更鲜明地表现主题内容。格调清雅，文人气息浓厚，雕工精湛，技法纯熟，玉质比较细腻，水头尚好，色彩协调，是一件很有价值的收藏品，目前市场价值在 10 万元之上。

松鹤延年寿比山

在人生幸福的指标里，健康长寿应该是绝大多数人追求的首要的愿望。反映在玉文化中，这种题材当然也是很常见的。

这件把玩件翠雕色彩明艳，作者将其上的颜色资源和俏色的技艺发挥到了极致。正面：白色的部分雕作展翅起舞的仙鹤，黄翡雕作鹤顶和漂亮的如意，占主体的绿色作为背景雕成自然的山形，下方一处较浅的绿色则雕作了松枝。这就构成了十分鲜明的“松鹤延年、寿比南山”的图景。而在背面仍作如是处

正面

背面

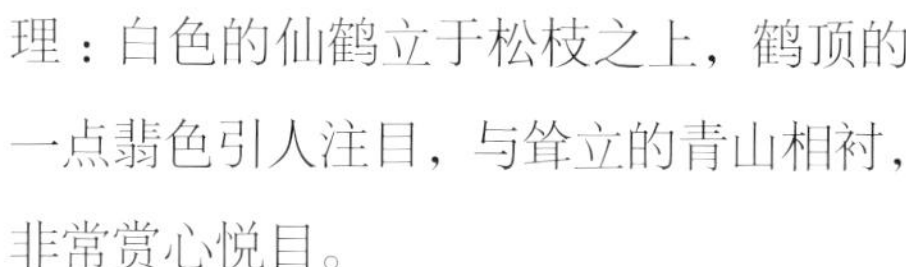

理：白色的仙鹤立于松枝之上，鹤顶的一点翡色引人注目，与耸立的青山相衬，非常赏心悦目。

鹤在国人的心目中是非常吉祥、高贵的禽类，也是长寿的象征。旧时一品文官的官服上，就绣着它的身影。松柏历来是高洁的形象，因为岁寒不凋、四季常青，也是长寿之象。所以，人们常以“松鹤延年”之辞来祝颂。“寿比南山”之说也是语出有典，笔者在《寿星老人南极翁》一文中曾专门论及。南山指南岳衡山，在湖南长沙南面不远，山上现存的“寿星亭”为宋代建筑。

此件论水头不甚通透，但玉质细腻、色彩丰富，而且用色精妙，雕工甚佳，是难得的收藏之物，市场价值不菲。眼下应在 5 万元以上。

鹬蚌相争渔翁乐

这件“渔翁得利”取材于成语故事“鹬蚌相争渔翁得利”，用在玉雕上已不再着重表现成语中所蕴含的人生哲理，仅仅是表达吉祥祈福的愿望，其寓意是人们轻易地得到意外之财。这类题材在画面上一般突出表现渔翁和鱼两个元素，因材施艺，没有固定的格式。像这个把玩件，仅突出雕刻了一个头戴斗笠

正面

老人的上半身，老者长髯飘胸，笑逐颜开。在他的右侧一条鲜鱼口吐水花、活蹦乱跳，这就构成了“渔翁得利”之意。下部雕刻的如意、金钱等物也与主题有关，是祈求财富如愿的意思。

此件的玉质不算上乘，水头、玉质都比较一般，雕工也略显粗率，可取之处是带有翠色。作为藏品，只是为了增加一个题材。其市场价值为3500元左右，今后升值的空间比较有限。

五彩缤纷和谐景

并非所有的翠雕都一定有传统的文化内涵，当代社会的美好事物和大自然

背面

中的景致，也常常成为很好的雕刻题材，它们同样给人们带来愉悦和享受。

这个把玩件笔者给它取名“五彩缤纷和谐景”。首先是材质本身具有丰富美丽的色彩，其上的颜色除了白色之外，在分类上尽管还是翡色与翠色，但色调的差异使它呈现出五彩缤纷的效果。其次是雕刻的对象都是大自然中充满活力的生命：优雅高贵的天鹅、上下翻飞的蝴蝶、勤劳可爱的蜜蜂、摇曳多姿的水草、籽粒饱满的莲蓬、绿艳滴翠的荷叶，无不让人喜不自禁。在此件上，翡色可分为红翡、黄翡、褐翡，翠色也有浓淡之别，加上干净的白色，说它五彩缤纷是名副其实的。而那些生机勃发的生命互相依存、共生共荣，使人感受到环境是多么的美好与和谐。能够创作出这样的作品的，一定是一位有着深厚艺术功力和优雅情趣以及细腻情怀的大师，让本来没有生气的原石成为摄人心魄的艺术珍品。

玩翡翠的人都知道，一块翠雕具有了漂亮的颜色就身价大增，同时有两种颜色就更加珍贵，而有三种以上的意思只能是可遇不可求了。色彩丰富正是此件的价值所在。构思与雕工之完美使这块材料的价值达到了极致，尽管水头不够足，作为收藏品，它也是当之无愧的一件佳作。市场价值在 5 万元以上。

英武长寿步步高

由于人们审美观和价值观的差异，在创作玉雕作品时，一定会融入作者的价值取向。同一题材，不同的作者会有

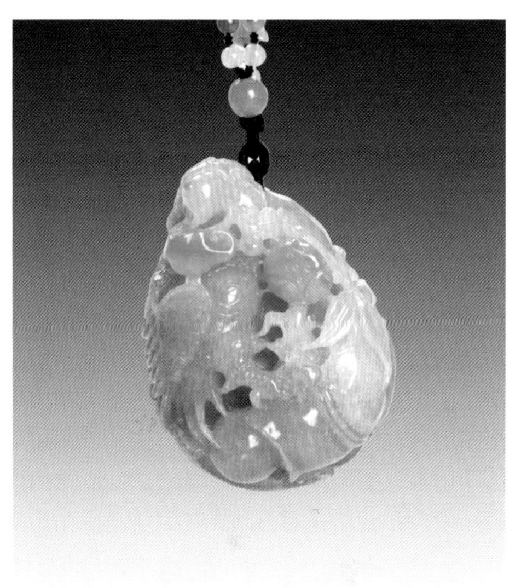
正面

背面

不同的处理。还由于祈福文化的多选性以及原料的限制，有些翡翠雕件上表现的题材似乎相互之间关联不大，这也是很常见的现象。这个把玩件上，一面雕刻的图案是鹦鹉和一枝桃枝上的两个桃子，另一面上鹦鹉立在一截竹子上。鹦鹉谐音“英武”，在玉文化里是“英明神武”的寓意；桃子称为寿桃，是长寿之意；竹子取其形意是“节节高升”，寓意仕途、事业发达，也指人生际遇和物质生活步步向好。这三种吉祥含义之间没有直接的联系，但都是吉祥的寓意。

此件的水头很好，属于“冰种”，只是种分嫩了一些，颗粒较粗。有紫有翠，翠色较淡，属于“江水绿”，紫色稍暗，雕工较好。综合评价，价格应为2万元之上。

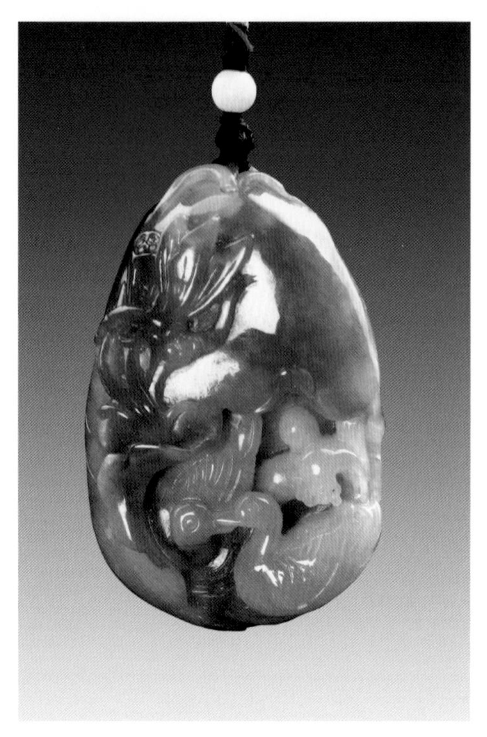

鸳鸯戏水莲俏色

并非所有翡翠雕件上的图案都以谐音来寓意吉祥祈福，这件鸳鸯戏水俏色把玩件，是以自然界里的现象来象征男女之间的和谐美满。此件的玉质很一般，可贵的是作者的匠心独运，把原石上不被人看好的暗翡色与玉质细腻的紫罗兰色进行俏色处理，从而提升了雕件的价值。整个雕件外皮呈褐色，作者将其从背面到正面雕作一大片荷叶，在正面右下方，利用干净的紫色俏雕出一对鸳鸯，鸳鸯之间雕了一朵大大的水花，来弥补无水面的缺憾,突出“鸳鸯戏水”的主题。褐翡色的荷叶恰似深秋霜打之后的干枯状，而褐翡之上较明亮的红翡则雕作莲蓬与蜻蜓，给深秋残荷带来生机与活力。雕件背面另雕一片荷叶，形态美丽生动。

虽然此件暗色占了大部分，但质地细腻而且俏色后还很漂亮，加上题材独特，值得收藏。估价2600元。

“富甲天下”雕工绝

翡翠的材质硬度很高，达到摩氏 7 级，用它可以在玻璃上划出痕迹。但是它的强度却不高，不小心掉在硬的地面上，就会磕出伤来。在雕刻的过程中也要小心翼翼，以免伤到材料。

这件挂件在雕工上是极见功力的：它将黄翡色俏色雕作一片很薄的树叶，又在叶片上精细地雕出昆虫、鱼篓、金钱、如意等物。正中间的鱼篓直径不到 20 毫米，篓壁仅有牛皮纸般厚薄，上面却有上百个分布均匀的篓孔，三只昆虫的 18 条腿如缝衣针般粗细，全是镂空雕成。这样的雕工分辨起来都不容易，如何雕刻出来简直让人无法想象。其上的六枚金钱和两个如意也是镂雕而成。

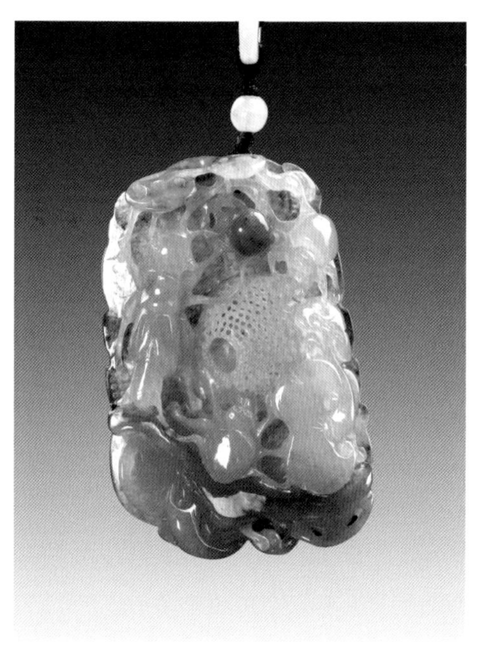

这件作品的寓意，一片硕大的树叶是表示“宏图大业”，甲壳虫寓意“富甲天下”，上面黄橙橙的金钱和用来盛钱的鱼篓都与财富有关。

此件的收藏价值在于俏色与雕工，虽然只有 28 克重，55 毫米 ×38 毫米大小，价值亦不菲，8000 元左右的价格应该是合适的。

苍龙教子龙年多

因为中华民族以龙为图腾，龙在中国有至高无上的地位，龙在玉文化里又有多重的吉祥寓意，所以龙在玉雕上几乎是无处不在。适逢龙年，笔者收藏的翡翠作品中，与龙有关的自然稍多一些。这几件翠雕题材相近，就放在一起来欣赏。

（图 1）重 268 克，高 86 毫米，宽 49 毫米，形近柱状。种老水佳，通体无瑕，是上好的老坑翡翠。其色淡蓝，可以归类于“蓝水”。在质地细密，透明度高的翡翠的内部矿物含量中，由于铁含量的增加，因而出现偏蓝的底色，底色并不灰，就会被叫作晴水、绿水、蓝

图 1

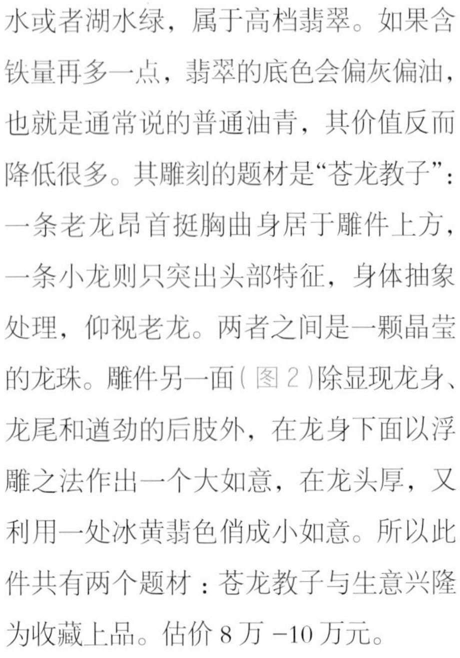

水或者湖水绿，属于高档翡翠。如果含铁量再多一点，翡翠的底色会偏灰偏油，也就是通常说的普通油青，其价值反而降低很多。其雕刻的题材是“苍龙教子”：一条老龙昂首挺胸曲身居于雕件上方，一条小龙则只突出头部特征，身体抽象处理，仰视老龙。两者之间是一颗晶莹的龙珠。雕件另一面（图 2）除显现龙身、龙尾和遒劲的后肢外，在龙身下面以浮雕之法作出一个大如意，在龙头厚，又利用一处冰黄翡色俏成小如意。所以此件共有两个题材：苍龙教子与生意兴隆为收藏上品。估价 8 万 -10 万元。

（图 3）重 246 克，高 72 毫米，宽

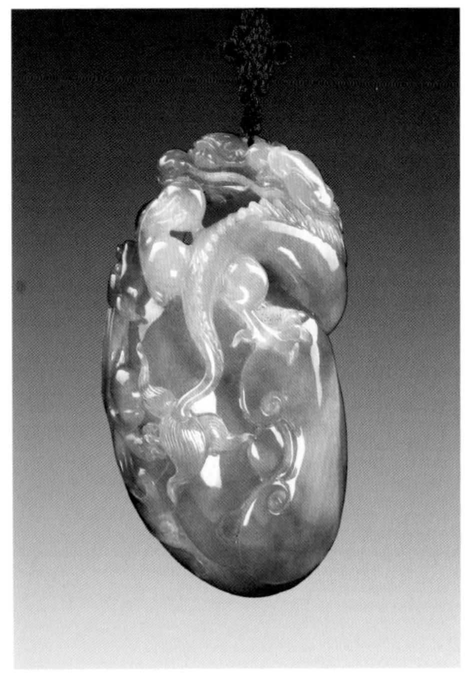

图 2

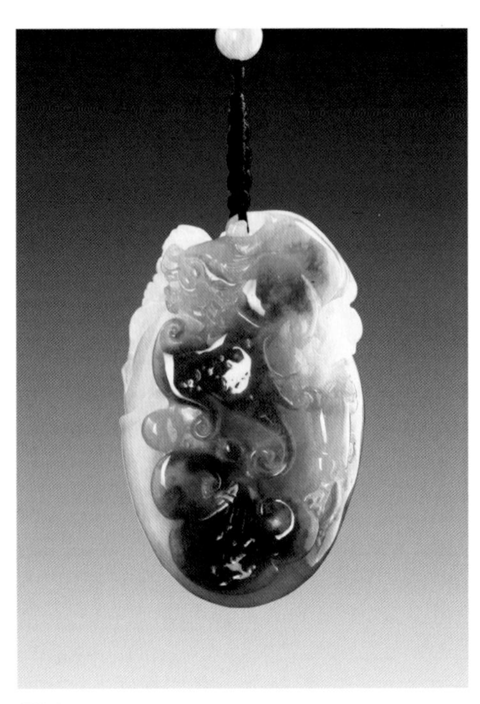

图 3

图 4

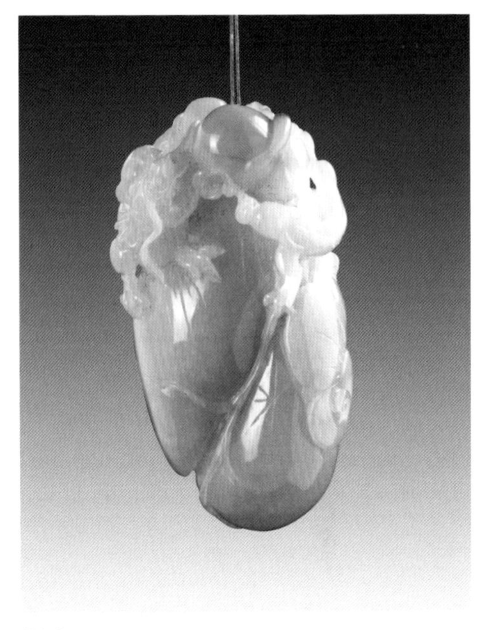

图 5

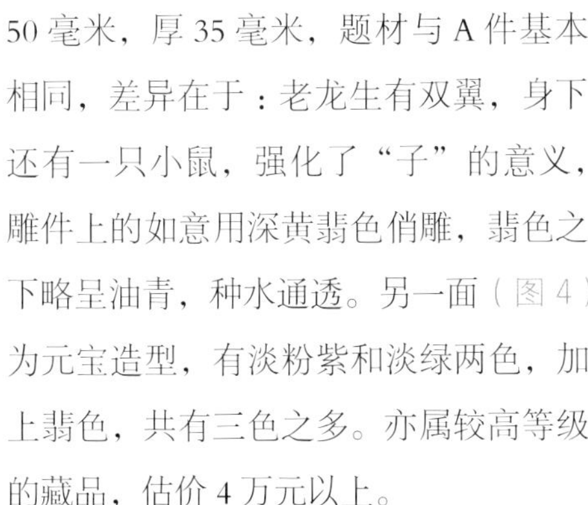

50 毫米，厚 35 毫米，题材与 A 件基本相同，差异在于：老龙生有双翼，身下还有一只小鼠，强化了“子”的意义，雕件上的如意用深黄翡色俏雕，翡色之下略呈油青，种水通透。另一面（图 4）为元宝造型，有淡粉紫和淡绿两色，加上翡色，共有三色之多。亦属较高等级的藏品，估价 4 万元以上。

（图 5）重 202 克，高 83 毫米，宽 45 毫米，近圆柱形。糯冰种，顶部黄翡色，镂雕大小两龙，下面两石相叠，小龙之下雕有如意，题材与前面两件相同，也是“苍龙教子”与“生意兴隆”。淡绿色调，另一面为淡紫。雕工佳，玉质优，色悦人，宜收藏。估价 2 万元。

（图 6）仍是“苍龙教子”与“生意兴隆”。重 225 克，高 83 毫米，宽 50 毫米，厚 35 毫米，通身紫色，上部偏粉，下部近茄。一大一小两条龙也是在石上相对，苍龙的头部雕刻更加细致，有如特写手法顺着龙尾走势等处雕一柄如意，寓意明白无疑。在背面石上有一瑕疵，虽以刀工略作掩饰，但仍为一小憾。尽管如此，仍为一件不错的藏品。估价 1.6 万元。

（图 7）重 213 克，高 77 毫米，宽 57 毫米，厚 33 毫米。此件主体雕作佛手形态，有“福寿双全”之意。顶端趴着一只甲壳虫，所以又有了“富甲天下”的寓意。而老龙的龙头由佛手瓜体上幻

图 6

化而出，一条小的螭龙与之平行于佛手上，虽然两龙没有相视而对，仍可看作“苍龙教子”的题材。整体玉质为糯化种，温润细腻，水头亦可，底色淡绿，一处较浓处被俏雕成珠状。在最底处有一点脏色，稍微影响了看相，因此在价格上要打点折扣。估价 1.5 万元。

天伦之乐祖与孙

这个摆件与前面讲过的《松鹤延年寿比山》的题材和构图相近，只是多了两个人物。画面上，一个古代装束的童子正在嬉戏，一位老者手捋胡须笑容可掬。他们身后，山高入云，桥下，流水潺潺。山间石中，一棵松树伸出，一只白鹤展翅枝头。山顶青松苍翠，山间小径蜿蜒，山后房舍数间，真是至乐仙境。有松有鹤有高山，即是寓意“松鹤延年、寿比南山”，何况还有翁童之戏、天伦之乐？

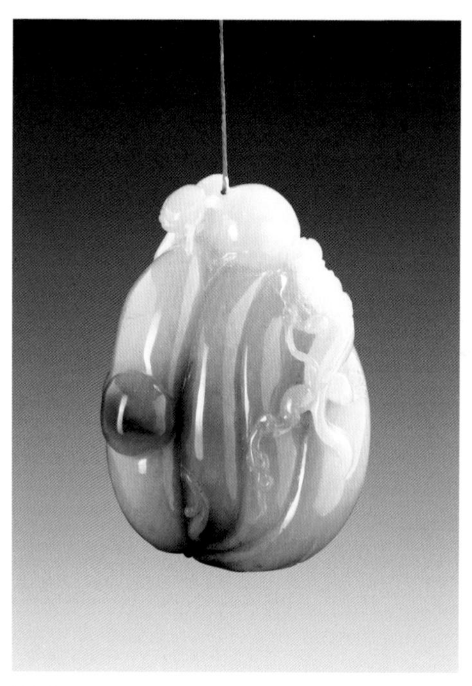
图 7

此件重 302 克，高 92 毫米，水头还好，玉质稍粗，肉眼能见颗粒。其上翠色鲜嫩，粉紫喜人，有几处黑色用在山峦之间，也算得当，只是雕工不够精细，价格上颇受影响。不然的话，以这样的体量和材质颜色与题材，一般也要数万元。就此件整体而论，估价 2.5 万元还是比较客观的。

“赤壁夜游”乃重器

中国古代历史上伟人巨匠灿若星河，笔者最为敬佩的是苏轼。他是少有的文化全才，擅长诗词、散文等各类文学样式写作，而且佳作不胜枚举，在历史、哲学、艺术等各个领域中都表现出了特别卓越的才华。此外，苏轼还是一位锐意改革的政治家，他一生几起几落、生死未卜，却有着达观自我、超然物外的旷逸气质和热爱生活、诙谐天真的盎然情趣。笔者以为，苏轼是一位人格健全完善、趋于完美的男人，因此对于和他有关的事物特别关注。

五年前，在一家玉雕厂的展厅里，笔者看到一件翡翠山子“赤壁夜游”。此题材来源于苏轼的名篇《前赤壁赋》、《后赤壁赋》，历史上不少名家都曾以此作画。笔者在展窗前驻足良久，不忍离去，之后多日心潮仍未能平复，于是多方筹款，终以数十万元之价购下。当晚置于枕边，通宵不眠。

前后《赤壁赋》是苏轼被贬谪黄州后，于宋神宗元丰五年所作。两文意境高远，文采斐然，融深沉的情感于景物之中，寄满腔的悲愤在旷达的风貌之下，写景、抒情、言理水乳交融，堪称千古绝唱。《前赤壁赋》描绘秋夜清幽旷渺的景色及夜月泛舟的飘逸兴致，以主客问答方式发表了对宇宙人生的见解；《后赤壁赋》表现了“山高月小，水落石出”的冬夜江岸及其寥落幽峭的气氛，于空灵奇绝中寄托了超尘绝俗之想，笔调迷离惝恍。古人曾

正面

赞曰："东坡《赤壁》二赋，一洗千古，欲仿佛其一语，毕世不可得也。"

这件翡翠山子借助珍贵的材质，用玉雕的语言再现了前后《赤壁赋》所描绘的意境。山子正面：奇峰兀立，江面开阔，明月初升，一叶扁舟顺流而下，船头之人仰视夜空，似有醉意。山石之色为黄翡雕就，恰好对应"赤壁"之谓。这正是《前赤壁赋》中的写照："壬戌之秋，七月既望，苏子与客泛舟游于赤壁之下。清风徐来，水波不兴。举酒属客，诵明月之诗，歌窈窕之章。少焉，月出于东山之上，徘徊于斗牛之间。白露横江，水光接天。纵一苇之所如，凌万倾之茫然。浩浩乎如冯虚御风，而不知其所止；飘飘乎如遗世独立，羽化而登仙。"当然，《前赤壁赋》意在借景抒怀，阐发哲理，并不着意写景。作为艺术作品的绘画、玉雕，很难深入地表达文章的思想内涵。山子另一面：主要表现《后赤壁赋》中“江流有声，断岸千尺，山高月小，水落石出”的孟冬月夜江岸，展示崖峭山高而空清月小、水溅流缓而石出有声的独特夜景，描摹赤壁之夜的安谧清幽、山川寒寂，使人体验主客弃舟登岸攀崖游山“履巉岩，披蒙茸，踞虎豹，登虬龙；攀西鹊之危巢，俯冯夷之幽宫”之奇异。在山子正面右下方，还以特写的手法表现了苏轼著名词作《赤壁怀古》中“乱石穿空，惊涛裂岸，卷起千堆雪”意象。这样，一件玉雕表现了文学大家苏轼最有名且都与赤壁有关的三篇佳作：《前赤壁赋》、《后赤壁赋》、《念奴娇·赤壁怀古》。

且看材质之美。根据成品的形态，笔者判断它是由一整块老坑水石雕成。所谓“老坑”，是指翡翠原石出产的坑口，一般来说，新坑多为翡翠的原生矿床，老坑多为冲积矿床。老坑种翡翠几乎由单一的硬玉矿物组成，结构比较细

背面

腻，多以纤维状变晶结构和微粒状变晶结构为主，因此透明度高，品质好。所谓“水石”，是指冲积型河床矿物，因水流运动和搬运作用，没有了沙壳。可以看出，雕件外层原由一层冰黄色外壳所包裹，内部种分细腻通透，雕刻较薄之处，隔之可见文字，整体为“冰种”无疑。在黄翡色的外壳之下，翠绿、浅绿、茄紫、油绿色彩丰富，为雕刻大师提供了很好的创作基础。

再说雕工之精。该山子出自中国工艺美术大师吴元全之手，吴大师从事玉雕四十余年，作品曾多次获得“天工奖”、“子刚杯”。《赤壁夜游》是笔者从他手中亲自购得。此件构思精到，妙手天成，山势奇绝，大刀阔斧。前后多处山石均借用黄翡皮色，以此表现“赤壁”。悬崖之外，一轮明月浮云遮半，此是七月既望（十六）之月；而从背面看，月正满圆，用来表现十月之望（十五）之夜。一月两用，真乃奇想。正面《前赋》山水、人物、景色，俏色干净，技法以圆雕为主，景象层次分明；背面《后赋》则多取浮雕、薄意之法，多色相融，色调清幽静谧。整件作品表现了人物、山峦、江流、怪石、树木、房舍、云月、飞鸟、芦苇、船舶，运用了圆雕、镂雕、透雕、浮雕、薄意等多种技法，是难得的艺术佳作。

作为投资，这样的藏品堪称上佳。此件高 182 毫米，宽 210 毫米，厚 61 毫米，重 3500 多克。它玉质优良，种水上乘，色彩丰富，雕工一流，文化内涵深刻，体量硕大，且是名家作品。诸多因素集于一身，自然升值空间巨大。两年前，某拍卖公司举办成立 10 周年大拍，邀笔者参与。拍卖会上，有人举牌 280 万元，笔者果断举牌赎回，因为此件的价值当时即在 300 万元之上。眼下价格在 380 万－400 万元之间，今后的增值还可预期。

翡翠图说篇

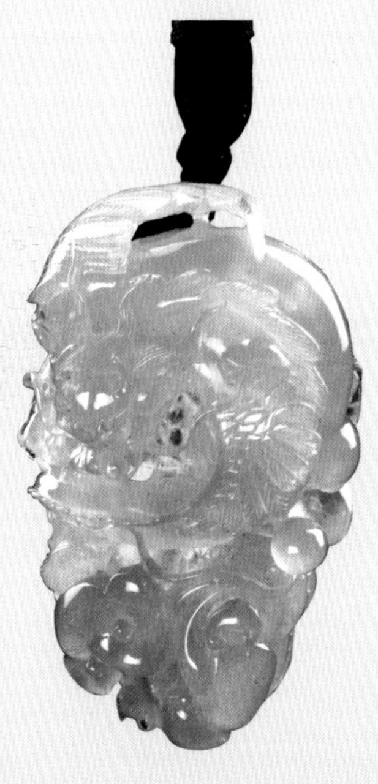

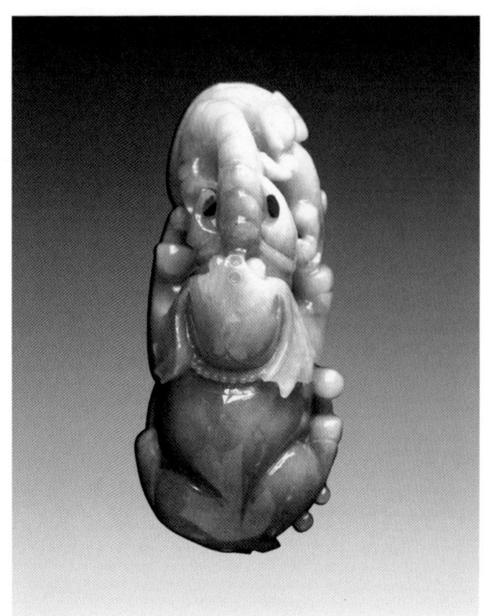

封侯拜相把玩件

糯化种，蓝绿色。

估价 13,000 元

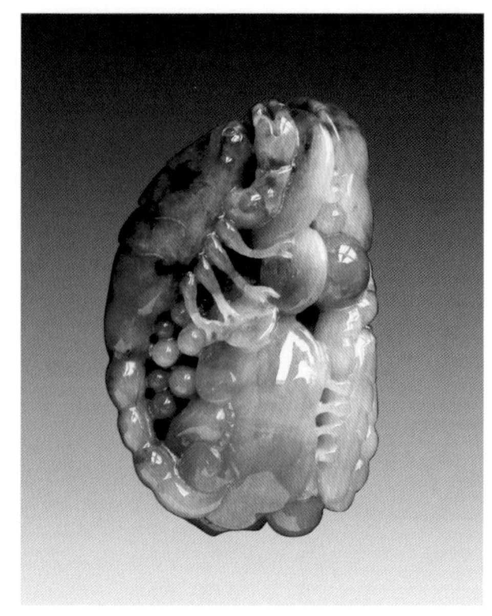

独霸天下把玩件

蓝绿

估价 2,800 元

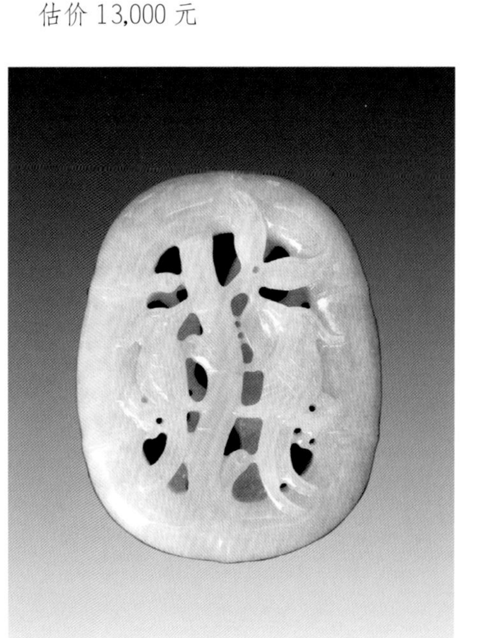

节节高升挂件

双面镂雕，冰种淡绿。

估价 4,800 元

连年有余挂件

糯化种飘蓝花，铲地平浮雕。

估价 2,600 元

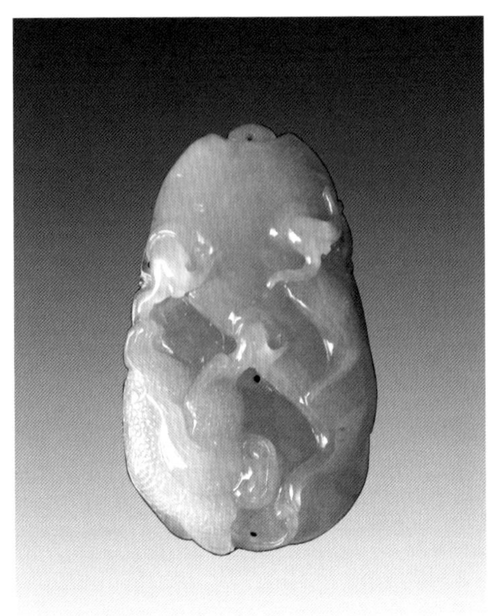

糯化种挂件

富贵缠身

估价 2,200 元

龙凤呈祥活环小挂件

糯化种，紫罗兰。

估价 800 元

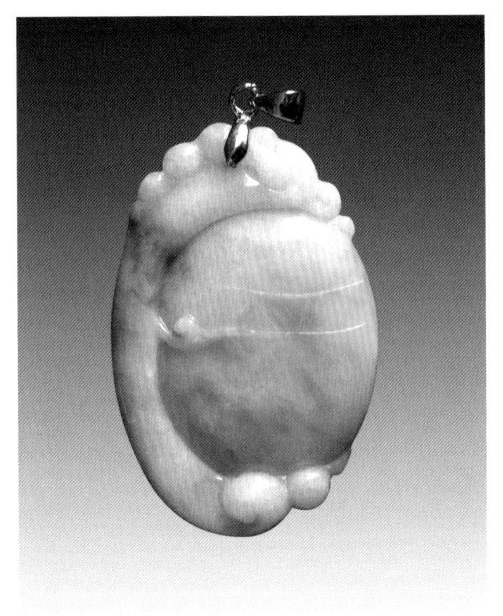

白底青螭龙挂件

估价 1,200 元

飞龙在天挂件

糯底，花青。

估价 8,000 元

福禄双全吊坠

满绿，糯化种。

估价 12,000 元

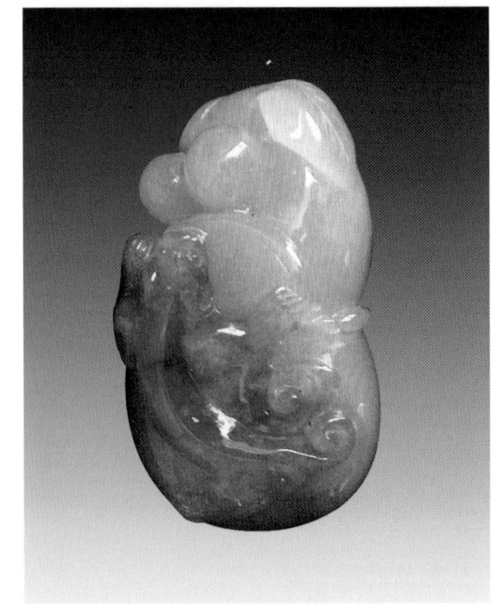

福禄寿小挂件

紫罗兰俏翡

估价 2,600 元

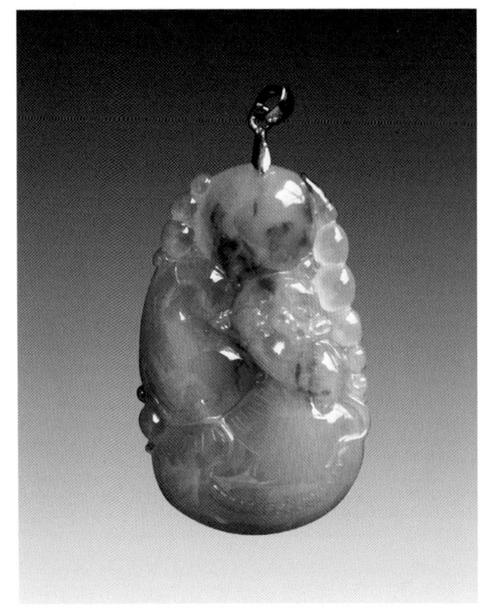

福禄寿挂件

糯冰种飘蓝花

估价 3,500 元

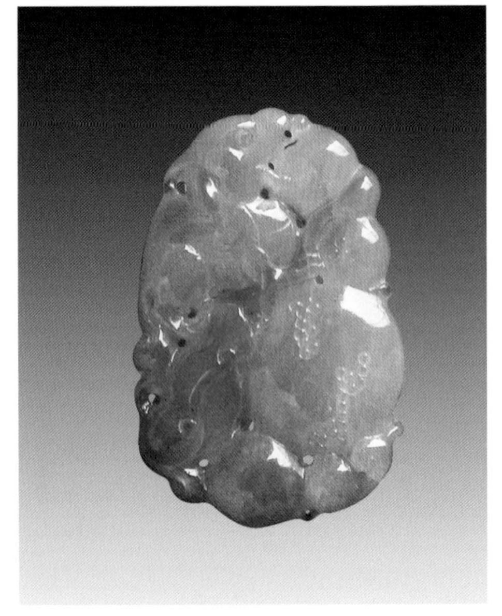

如意多子小挂件

冰种飘翠

估价 1,000 元

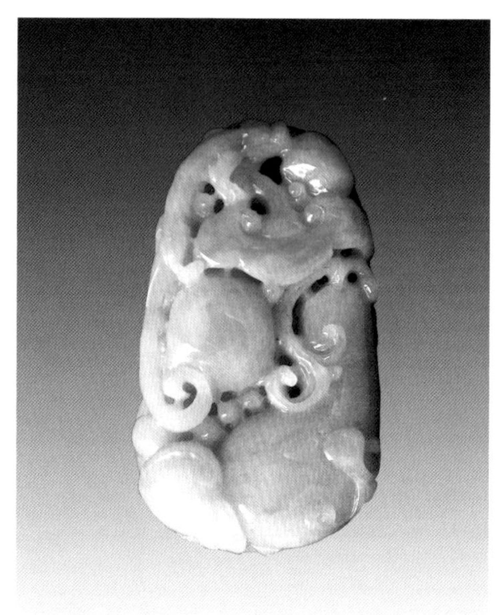

生意兴隆瓜果挂件
糯底带翠
估价 3,500 元

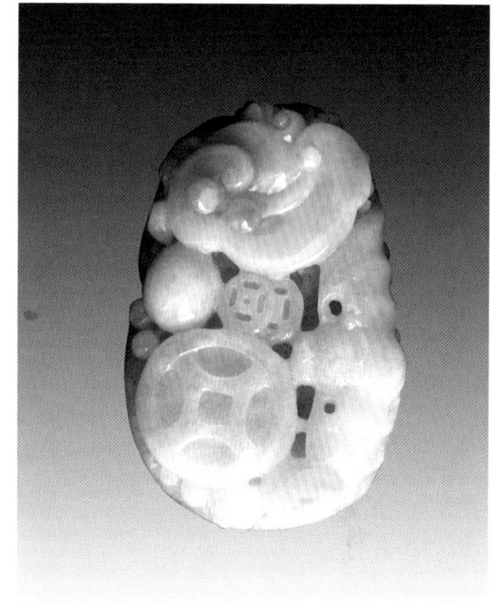

生意兴隆挂件
豆种带翠
估价 3,000 元

冰种生意兴隆小挂件
估价 1,800 元

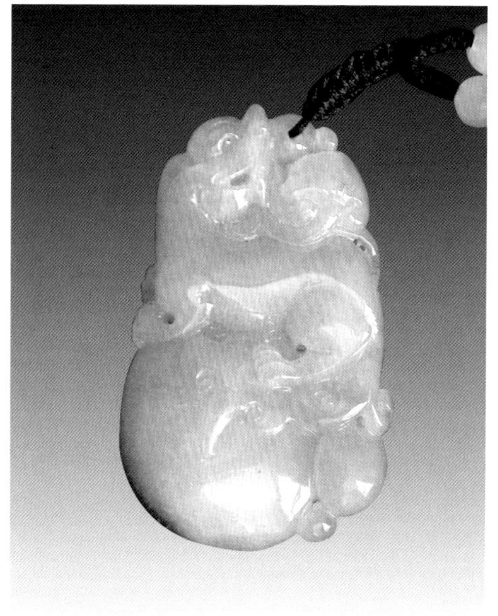

糯化种貔貅挂件
估价 3,800 元

冰种随形挂件
灵猴献寿
估价 4,600 元

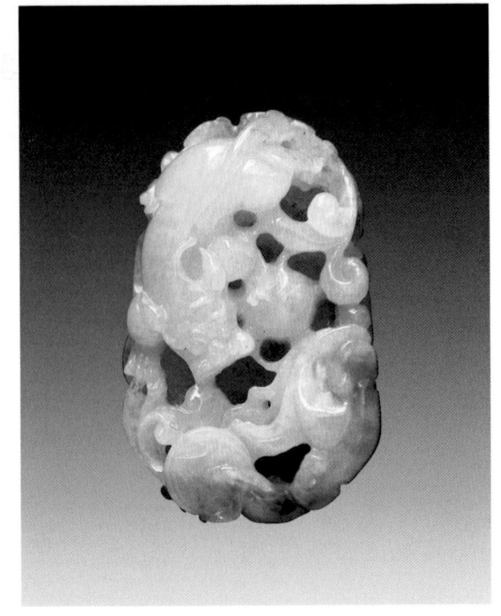

生意兴隆挂件
糯底带翠
估价 2,000 元

如意生肖挂件
豆种，淡紫。
估价 900 元

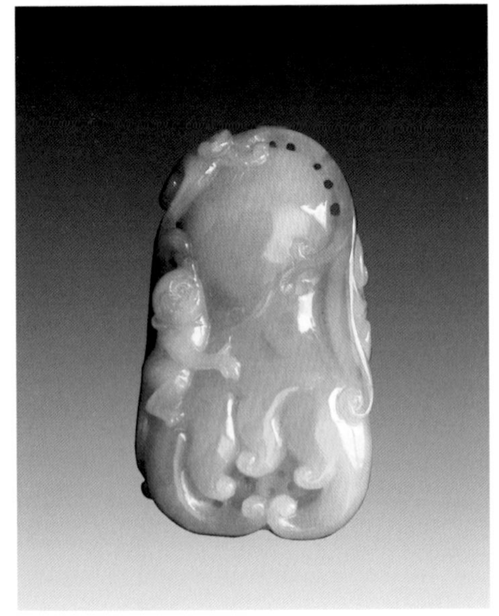

福寿如意大挂件
糯化种，春带彩。
估价 17,000 元

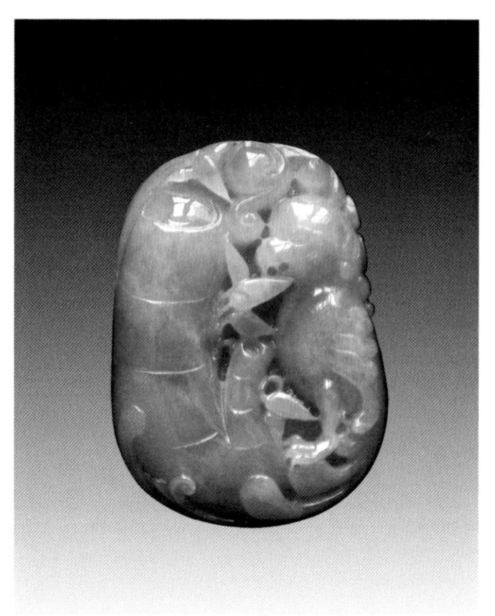

节节高升鹦鹉挂件
冰油带蓝头
估价 3,800 元

灵猴献寿挂件
糯底淡紫
估价 1,600 元

福寿双全挂件
蓝绿冰油
估价 3,800 元

冰种飘蓝花节节高升挂件
估价 4,500 元

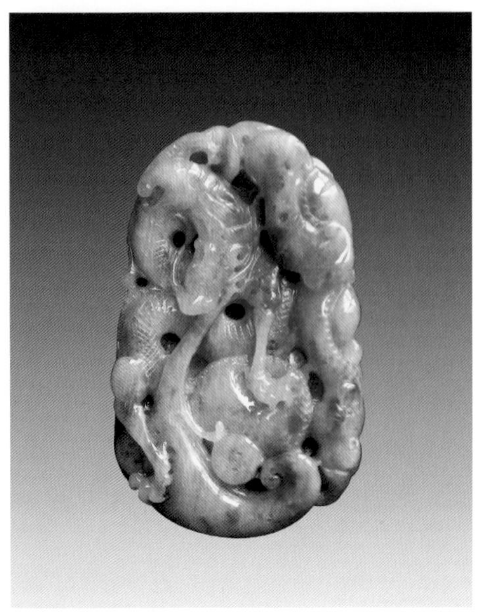

生意兴隆挂件
糯底带翠
估价 6,200 元

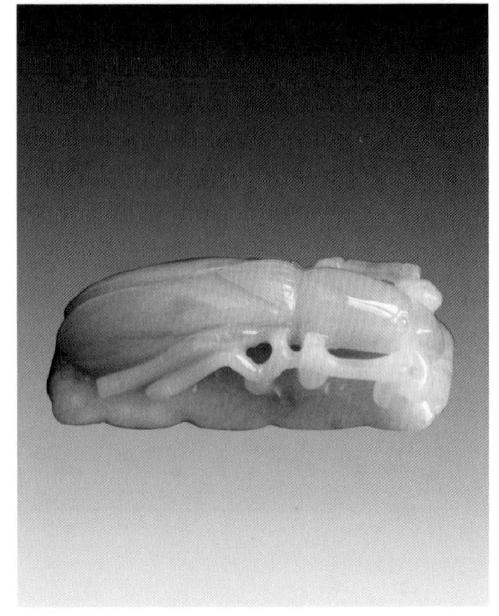

堂堂正正挂件
糯化种，无色，镂空雕。
估价 1,800 元

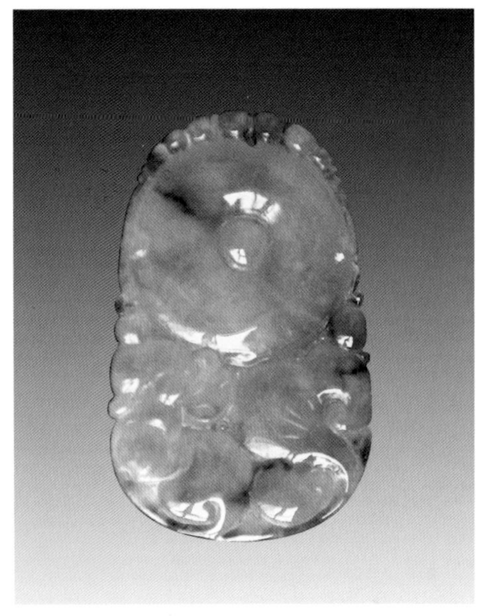

冰种飘蓝花挂件
福寿如意
估价 3,300 元

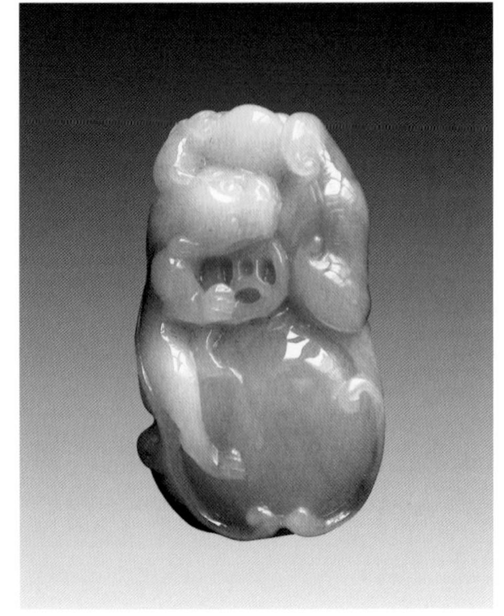

糯底春带彩挂件
福寿如意
估价 3,000 元

糯冰种小挂件

金枝玉叶

估价 900 元

福寿如意挂件

豆种带翠

估价 3,200 元

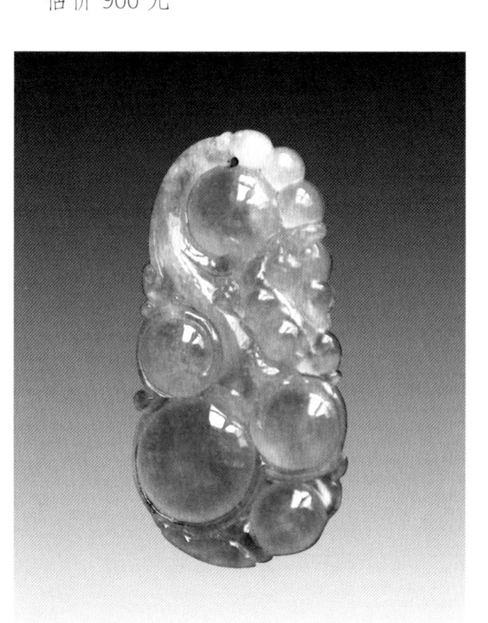

冰种如意挂件

估价 3,000 元

冰种生肖挂件

估价 2,500 元

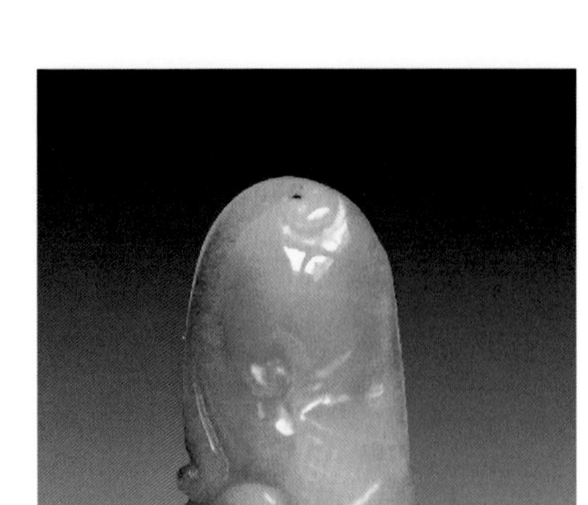

满绿小吊坠
糯化种
估价 1,000 元

轮舵挂件
糯化种
估价 3,000 元

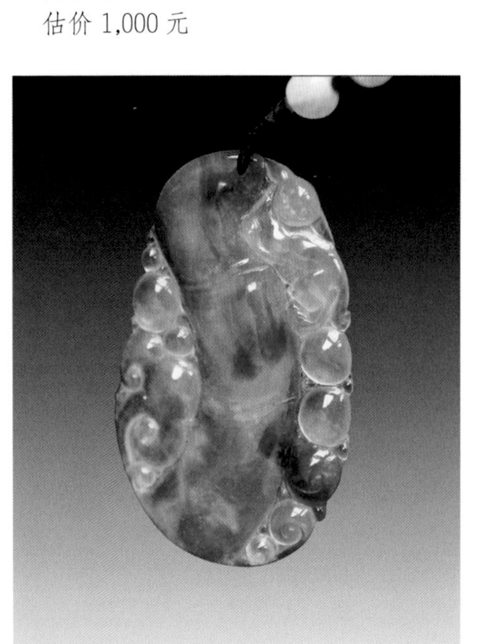

玻璃种飘蓝花挂件
节节高升
估价 25,000 元

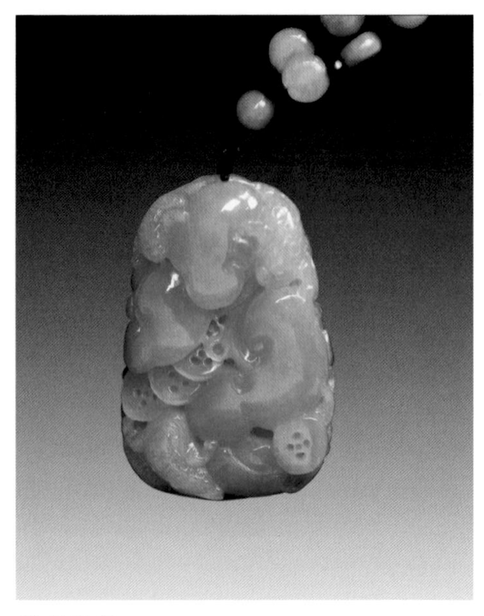

满色挂件
事事如意，葱心绿，糯化种。
估价 26,000 元

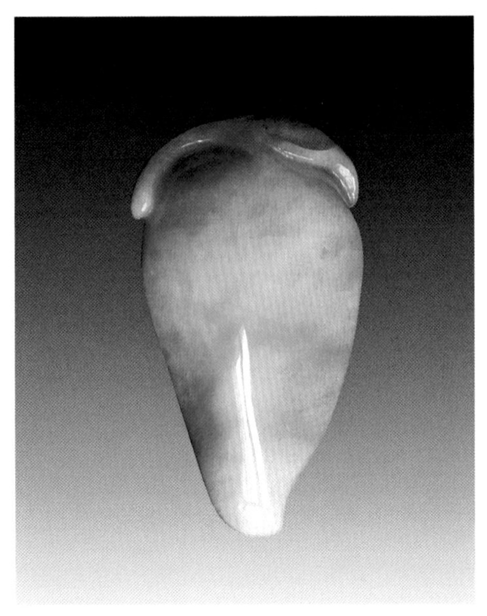

随形瓜果坠
糯底带翠
估价 3,600 元

满绿如意坠
估价 18,000 元

冰黄翡镂花镯
估价 6,000 元

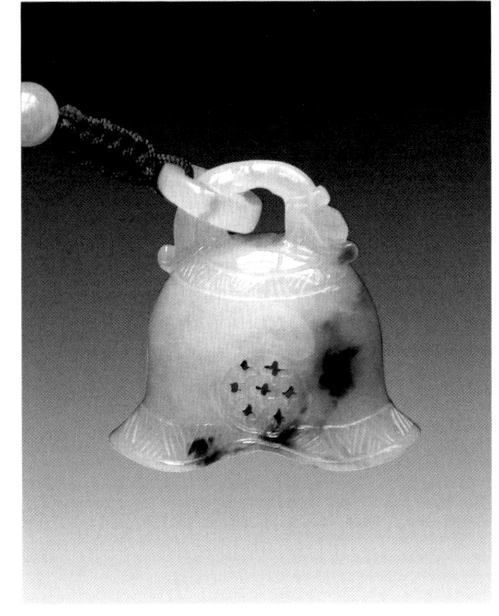

糯化种飘蓝花挂件
相守终生
估价 3,600 元

生意兴隆挂件

瓷地，淡紫带翠。

估价 1,600 元

冰种把件

节节高升，富甲天下，淡紫底飘蓝带黄翡。

估价 7,500 元

春带彩“百财”把玩件

糯底

估价 4,500 元

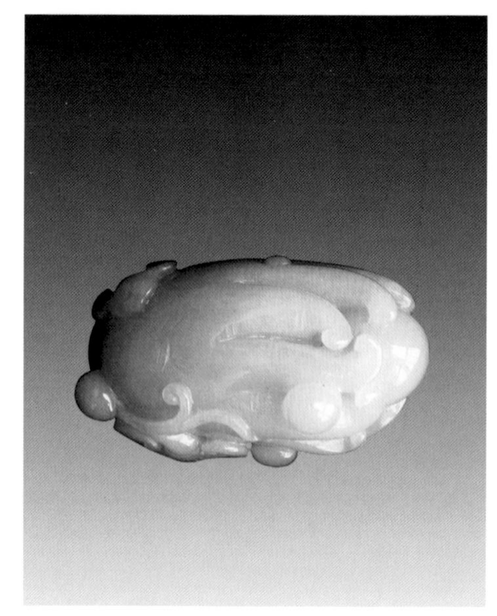

糯化种佛手挂件

春带彩

估价 4,600 元

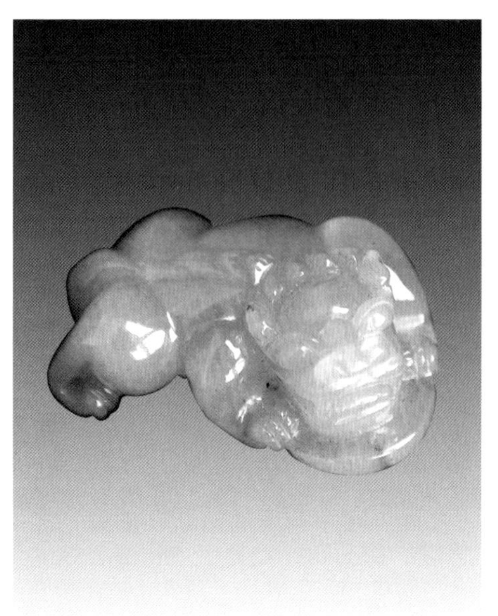

糯冰种貔貅挂件

估价 1,800 元

观音挂件

满色淡绿，糯化种。

估价 6,800 元

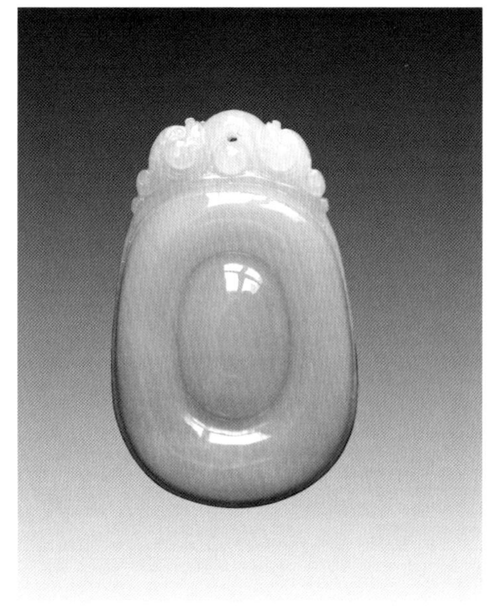

怀古挂件

淡紫地，糯化种。

估价 5,500 元

糯化种香囊瓜果挂件

瓜瓞绵绵，满色蓝绿。

估价 7,000 元

糯化种观音挂件

淡青

估价 5,000 元

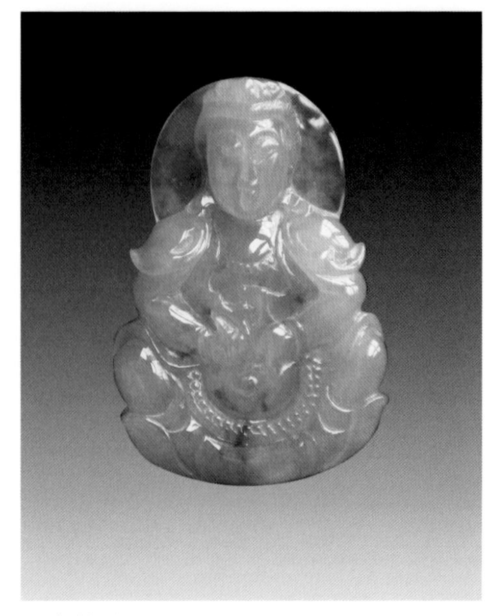

观音挂件

糯化种飘蓝花

估价 4,200 元

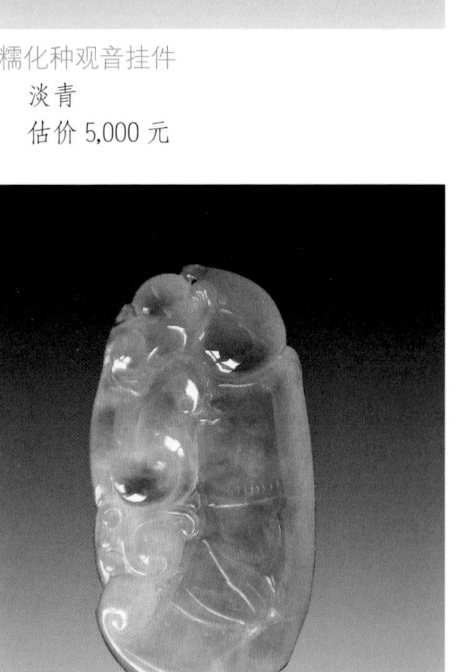

冰种挂件节节高

估价 2,900 元

冰种随形挂件

瓜瓞绵绵，淡绿紫。

估价 6,000 元

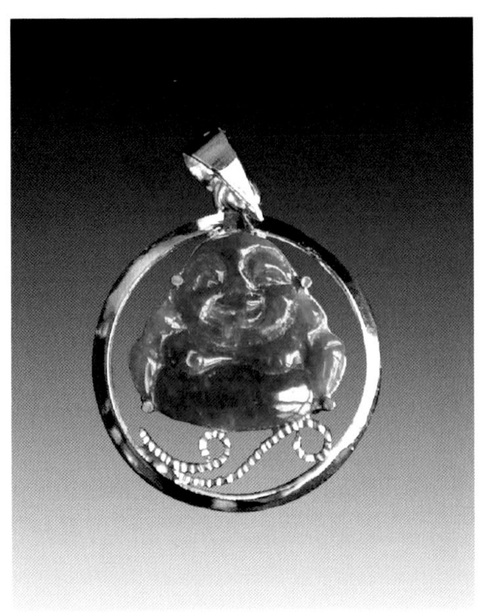

金镶翠弥勒佛吊坠
估价 3,000 元

金镶弥勒佛吊坠
冰种艳绿
估价 5,500 元

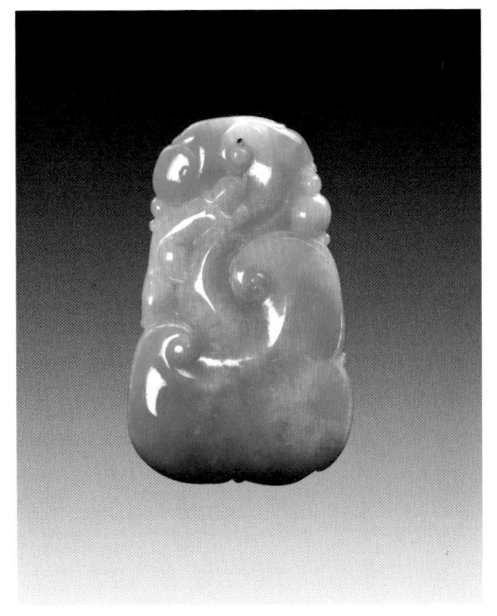

艳绿如意挂件
细瓷地阳绿色
估价 22,000 元

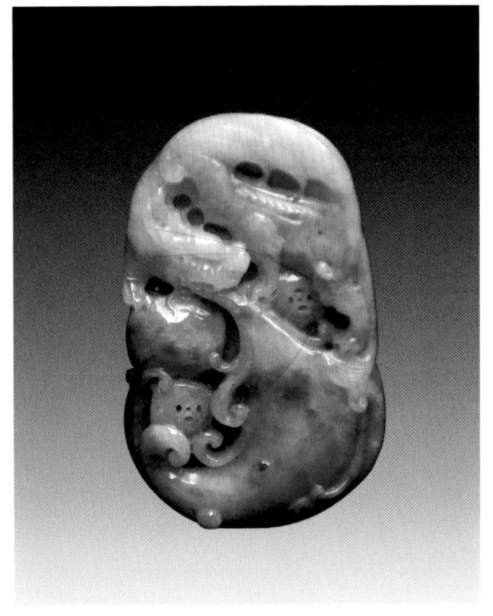

飞龙在天挂件
糯化种带翠
估价 7,000 元

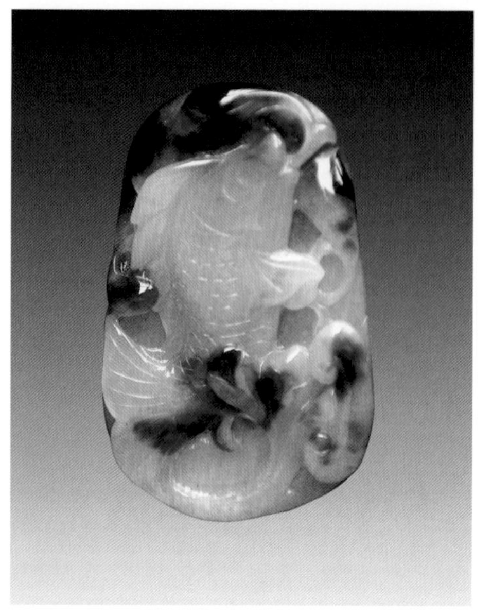

糯化种挂件
连年有余，淡紫底飘蓝花
估价 3,000 元

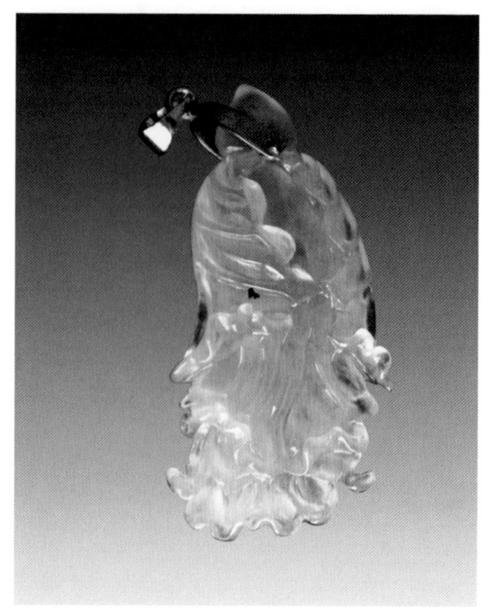

高冰种白菜吊坠
带翠
估价 4,800 元

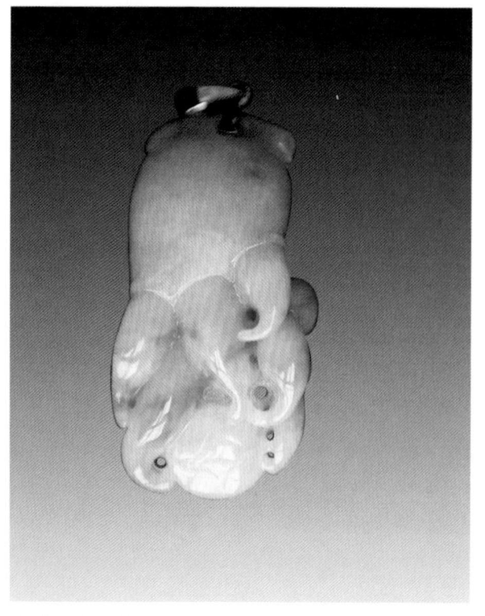

春带彩吊坠
细瓷地
估价 2,000 元

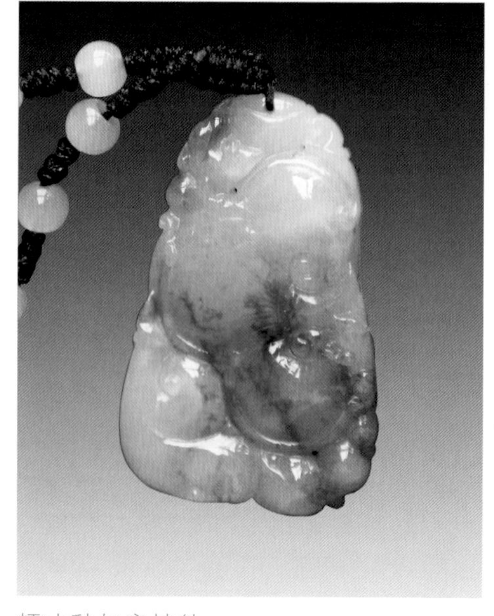

糯冰种如意挂件
飘蓝花
估价 3,500 元

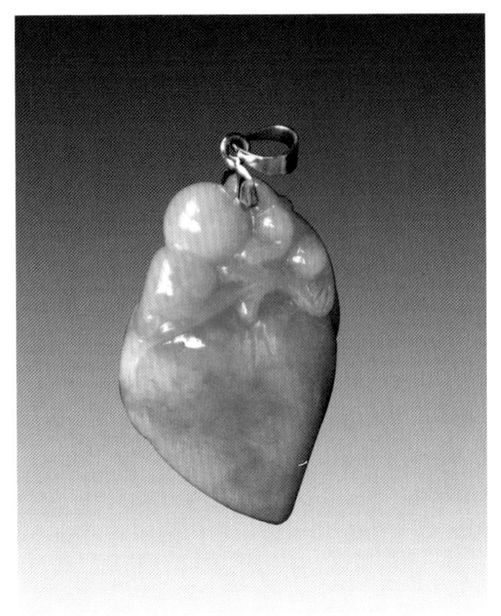

寿桃吊坠
糯底带翠
估价 4,000 元

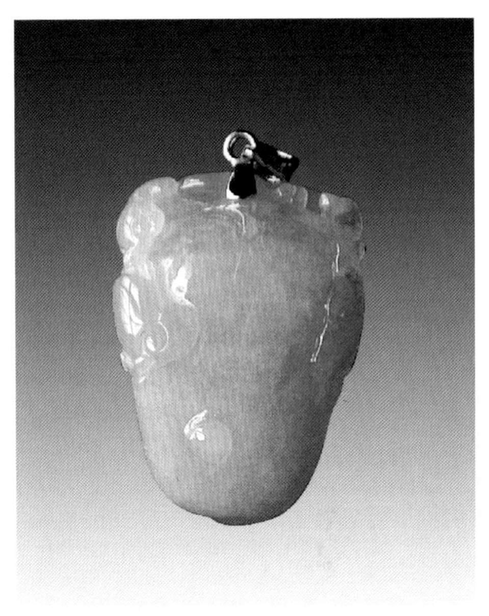

冰种带翠随形坠
估价 2,500 元

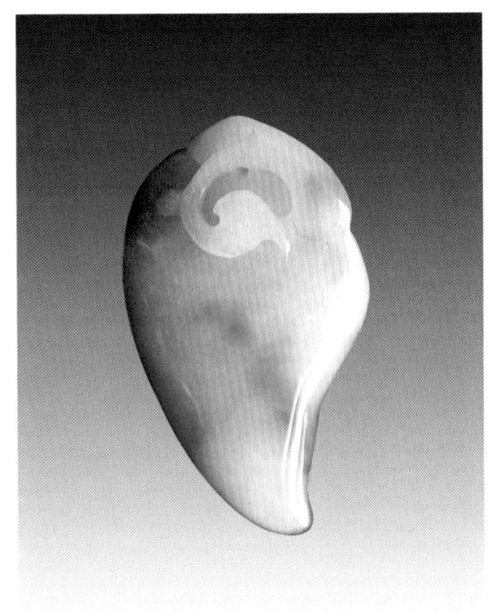

春带彩随形坠
糯底
估价 3,000 元

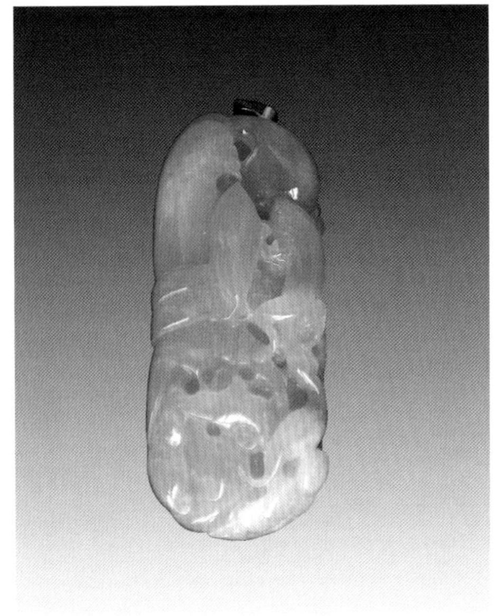

冰种满色吊坠
葱心绿
估价 28,000 元

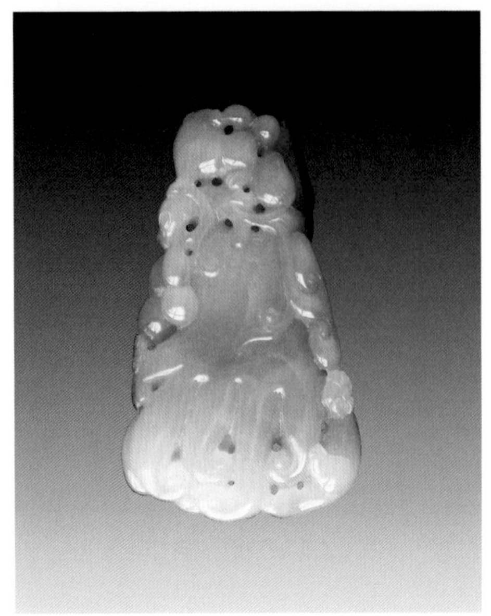

糯化种挂件
福寿双全
估价 4,000 元

苍龙教子挂件
糯底带翠
估价 4,200 元

冰种带翠小挂件
估价 4,200 元

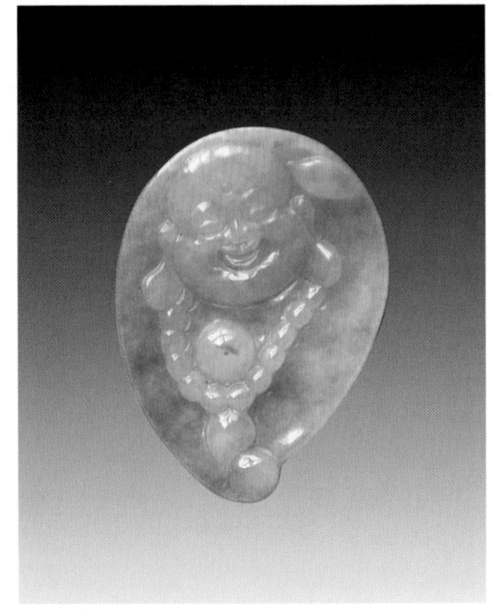

心中有佛挂件
估价 2,300 元

墨翠观音挂件
估价 5,000 元

玫瑰 K 金钻镶翡翠戒指
高冰种戒面
估价 9,000 元

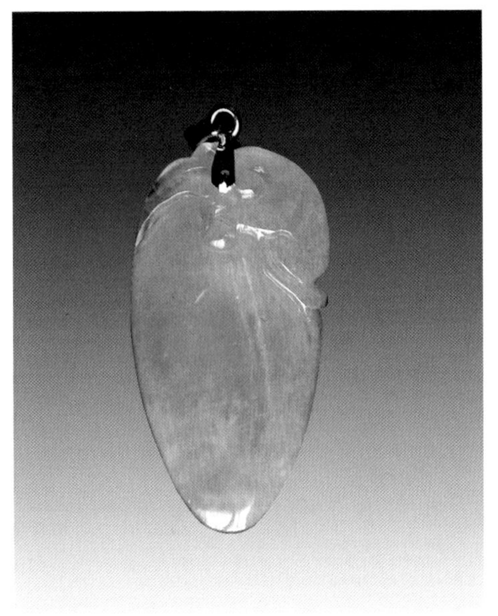

冰种随形吊坠
淡绿
估价 3,900 元

糯化种螭龙挂件
估价 2,800 元

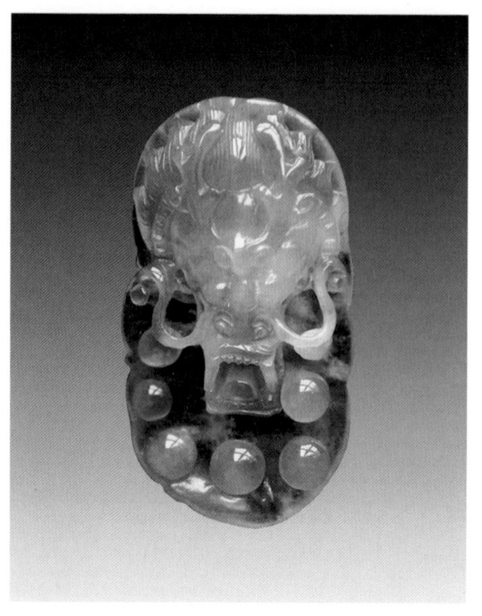

冰种龙头挂件
估价 4,200 元

福寿如意活环坠
估价 3,600 元

糯化种茄紫撒金花手镯
估价 17,000 元

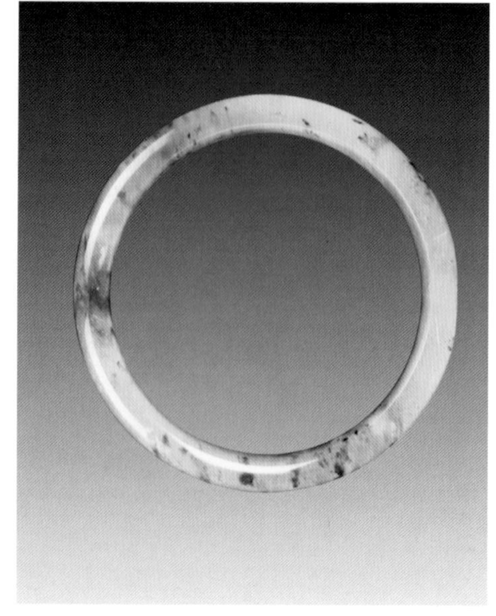

冰飘蓝镯子
估价 50,000 元

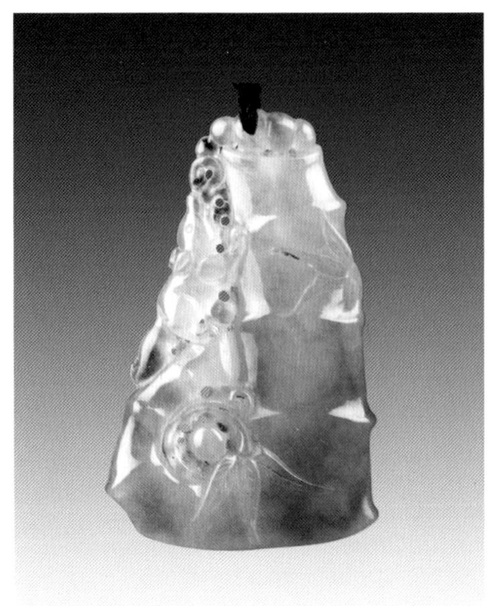

冰种节节高挂件
估价 5,800 元

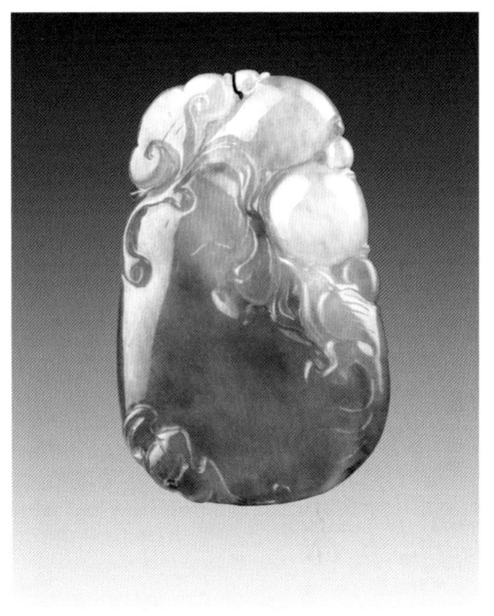

冰种监绿瓜瓞绵绵挂件
估价 4,800 元

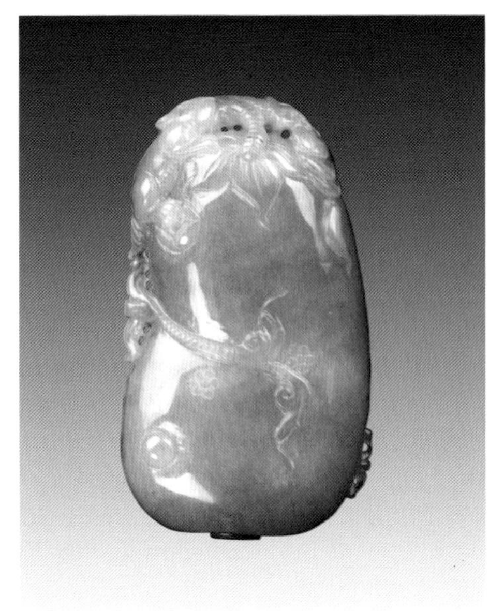

江水绿瓜瓞绵绵挂件
估价 4,800 元

金玉满堂翠挂件
估价 2,800 元

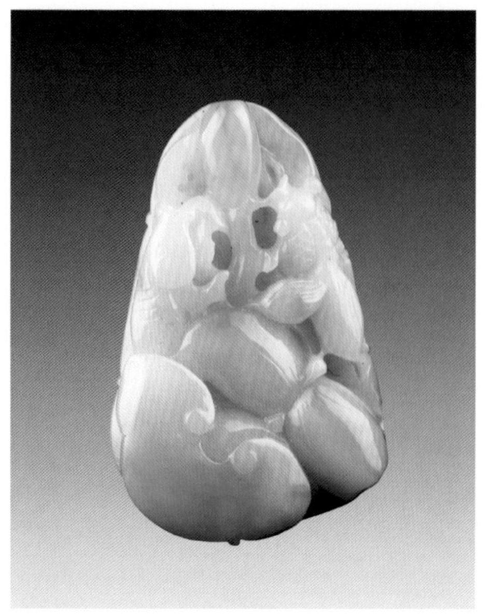

连年有余翠挂件
估价 2,600 元

龙头福在眼前冰种挂件
估价 3,000 元

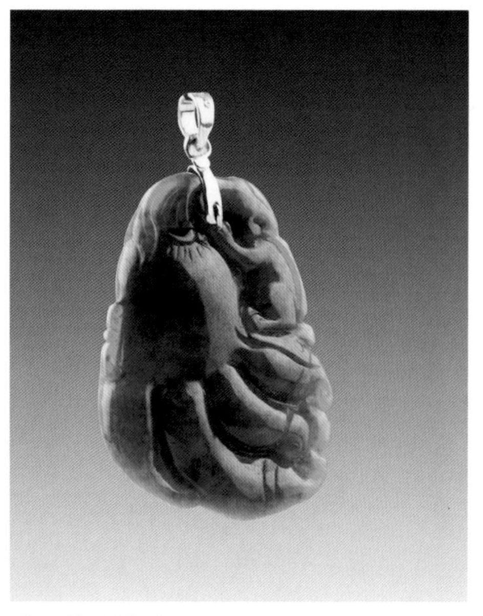

满绿佛手挂件
估价 20,000 元

墨翠财神挂件
估价 15,000 元

糯化种瓜果坠
估价 3,600 元

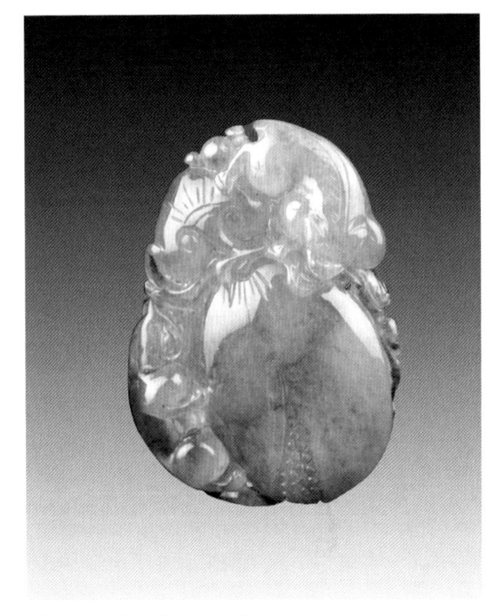

糯冰种多子多寿挂件
估价 2,200 元

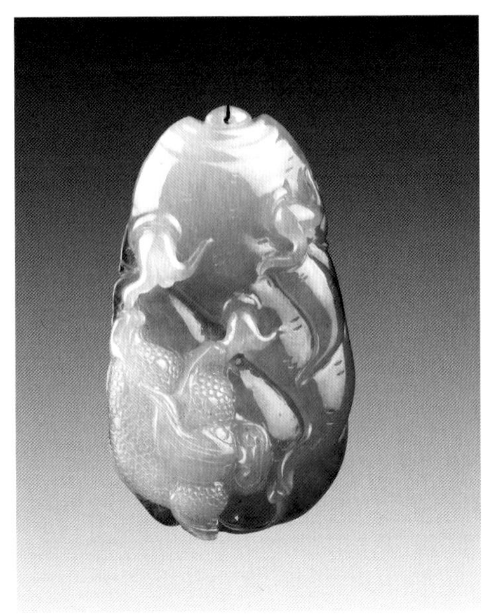

糯冰种富贵缠身挂件
估价 3,900 元

糯冰种飘蓝怀古挂件
估价 4,000 元

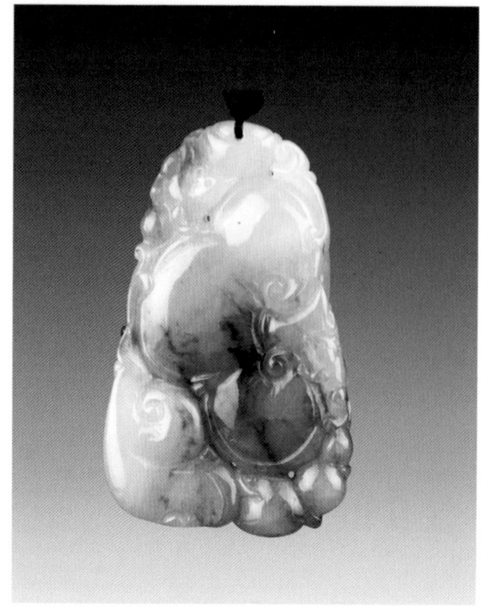

糯冰种飘蓝如意挂件
估价 4,500 元

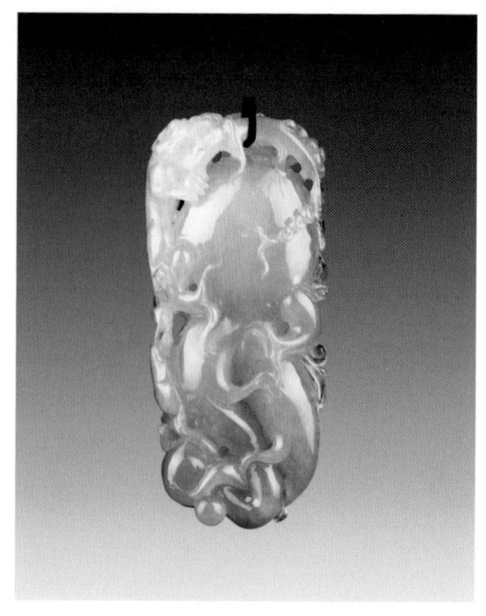

糯冰种人生如意挂件
估价 38,000 元

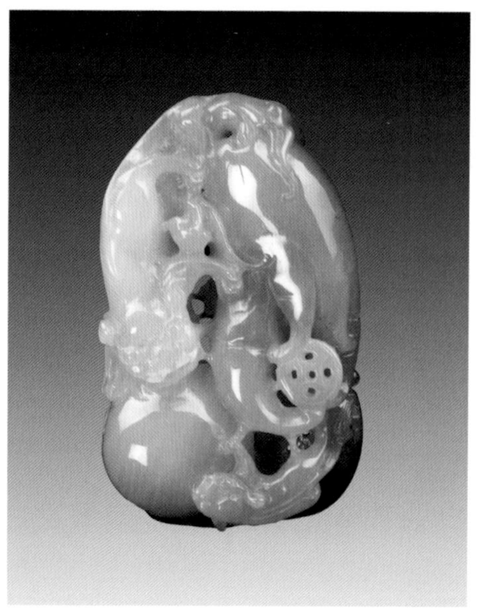

糯化种福寿双全挂件
估价 2,700 元

糯化种富贵缠身挂件
估价 3,800 元

糯化种节节高升挂件
估价 4,000 元

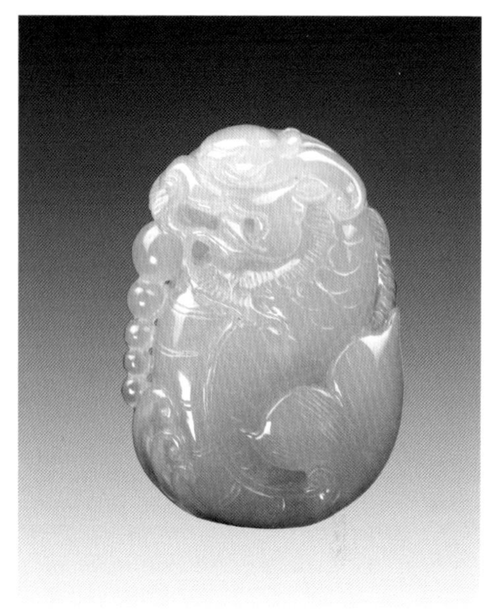

糯化种鱼化龙挂件
估价 4,800 元

生意兴隆翠挂牌
估价 3,500 元

生意兴隆镂空挂件
估价 8,500 元

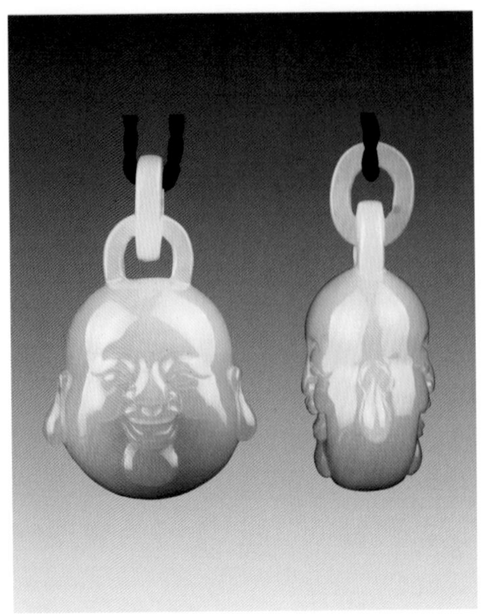

紫罗兰活环双面佛
估价 8,000 元

八方来财把件
估价 12,000 元

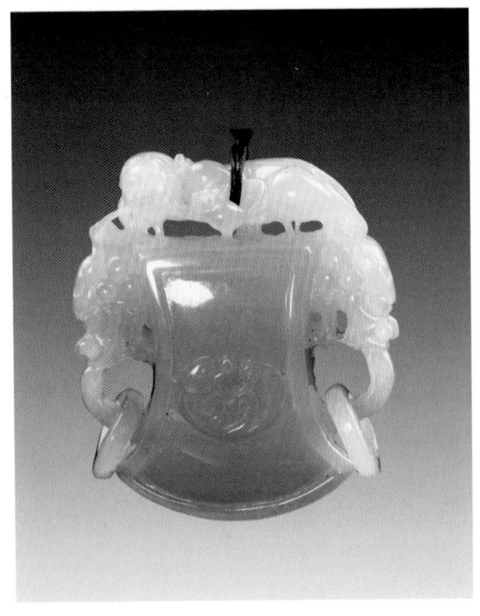

钺形把件
估价 5,500 元

鱼形香囊挂件
估价 3,800 元

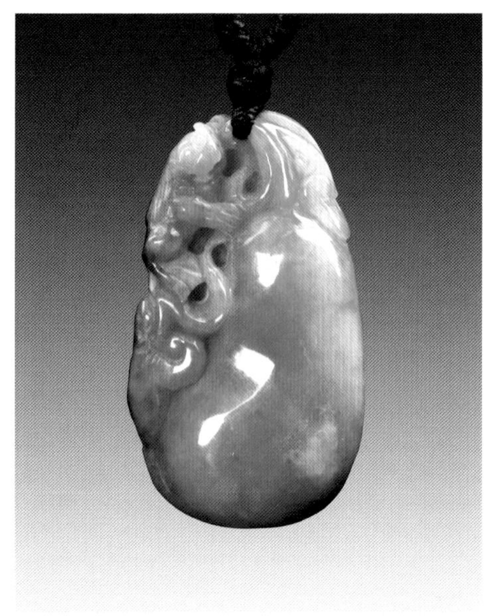

艳绿瓜瓞绵绵挂件
估价 3,000 元

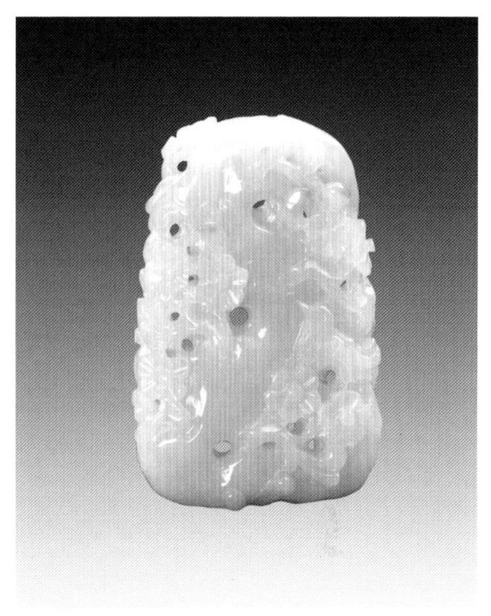

喜上眉梢挂件
估价 6,500 元

糯化种福寿双全镂空把件
估价 7,000 元

糯冰种节节高升挂件
估价 7,000 元

糯冰种观音挂件
估价 10,000 元

糯冰种挂件如意
估价 20,000 元

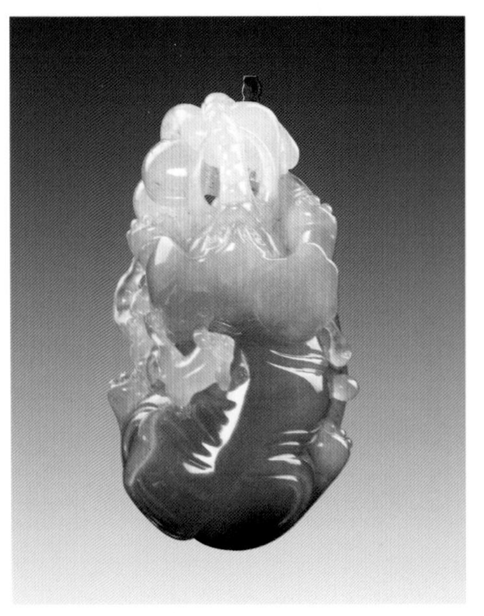

糯冰种封侯拜相把件
估价 19,000 元

墨翠观音挂件
估价 5,500 元

墨翠观音挂件
估价 3,000 元

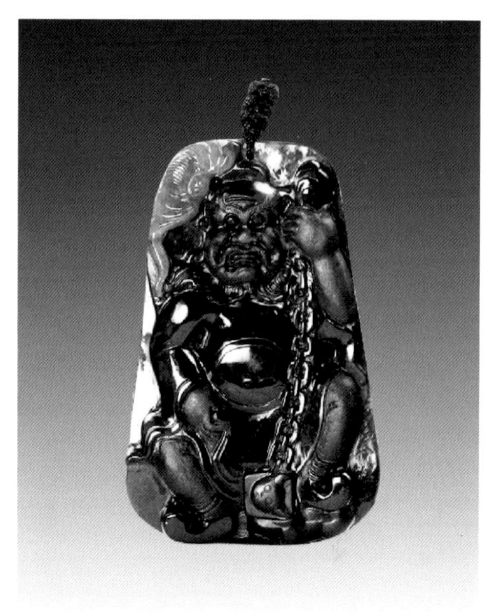

墨翠钟馗打鬼挂件
估价 18,000 元

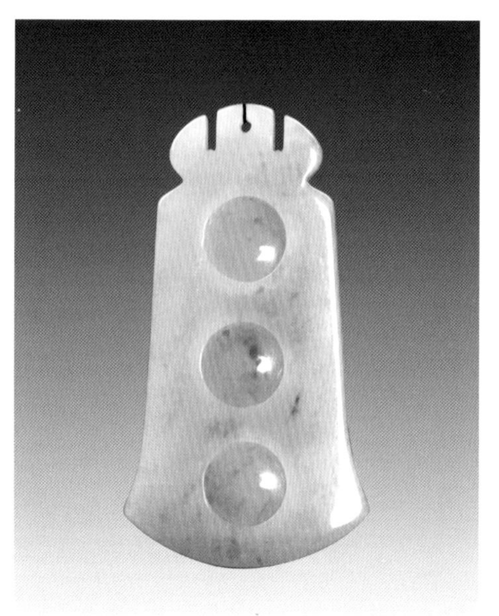

糯化种飘蓝花活挂件
连升三级，活动圆豆。
估价 1,800 元

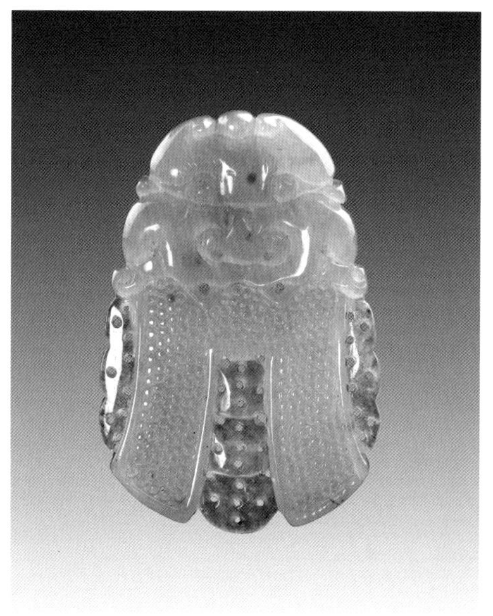

布币挂件
估价 2,000 元

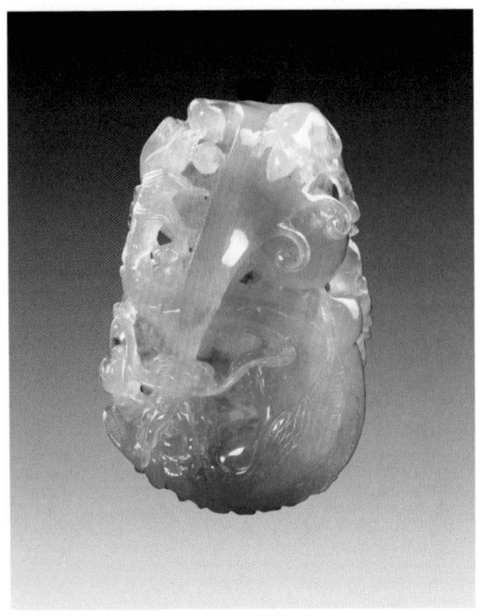

冰种江水绿挂件
望子成龙
估价 39,000 元

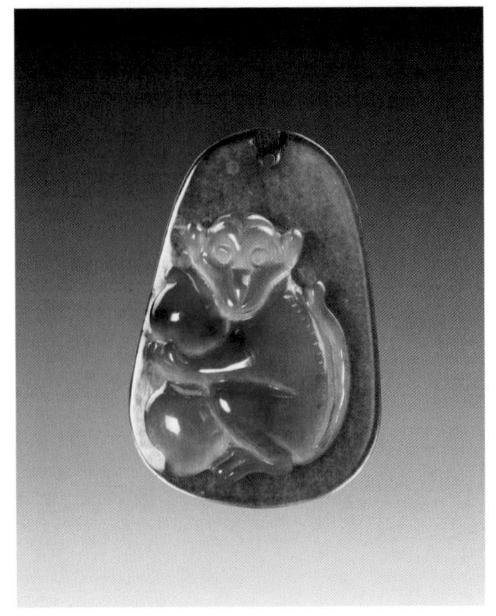

冰油寿猴挂件
估价 1,000 元

糯化种苍龙教子挂件
估价 13,000 元

糯化种岁岁如意人长寿挂件
估价 1,200 元

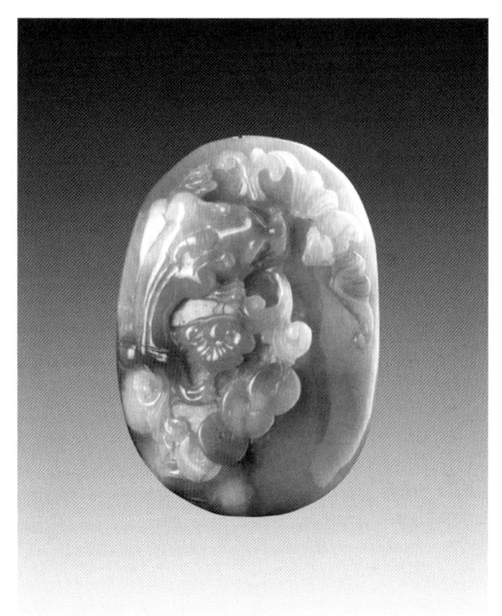

生意兴隆小把件
估价 1,200 元

红翡佛手挂件
估价 1,000 元

糯化种腰挂
生意兴隆
估价 3,000 元

高冰种满阳绿 K 金钻镶项链
估价 600,000 元

俏色天鹅摆件
南阳隆宝斋提供
估价 60,000 元

翡皮俏色摆件松鹤延年
南阳广通轩提供
估价 88,000 元

冰油种俏黄翡摆件节节高升
南阳隆宝斋提供
估价 180,000 元

糯化种紫罗兰摆件喜上眉梢
南阳艺苑阁提供
估价 118,000 元

品清廉摆件
南阳隆宝斋提供
估价 150,000 元

糯化种带翠镂空雕草虫摆件
南阳广通轩提供
估价 100,000 元

糯化种春带彩镂空雕连年有余摆件
估价 80,000 元

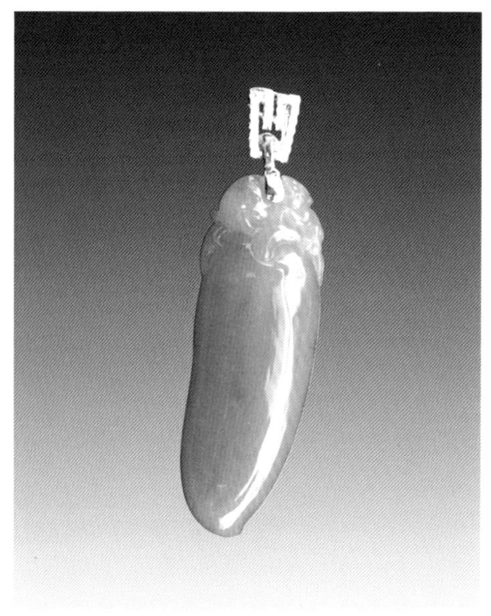

苹果绿冰种福禄寿吊坠
估价 80,000 元

糯冰种把件样样如意
许昌御翠坊提供
估价 98,000 元

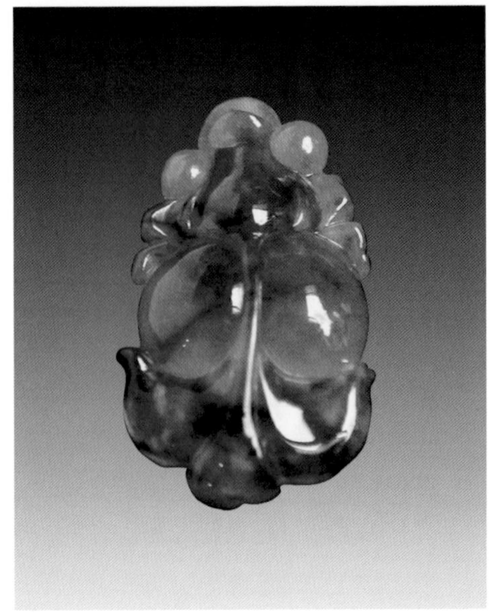

黄加绿金鱼小挂件
许昌御翠坊提供
估价 36,000 元

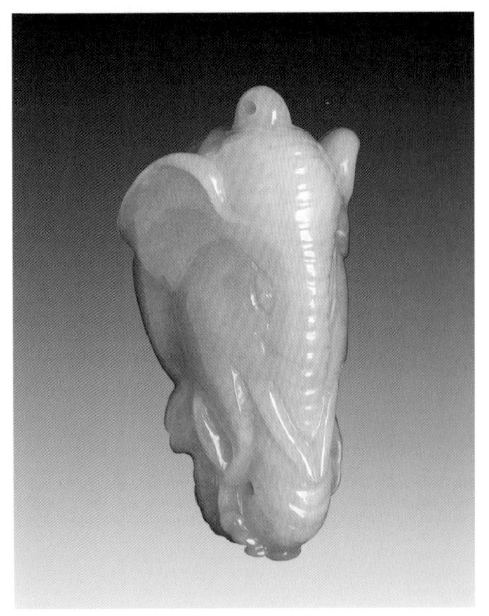

太平有象糯底挂件
许昌御翠坊提供
估价 36,000 元

螳螂捕蝉黄雀在后冰种把件
许昌御翠坊提供
估价 66,000 元

黄翡把件飞龙在天
许昌御翠坊提供
估价 36,000 元

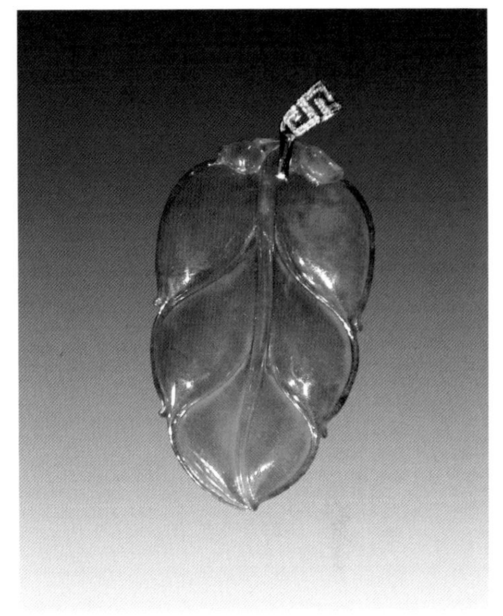

冰黄翡吊坠金枝玉叶
许昌御翠坊提供
估价 45,000 元

冰黄翡镂雕把件五福临门
许昌御翠坊提供
估价 20,000 元

十二生肖整套摆件
许昌御翠坊提供
估价 200,000 元

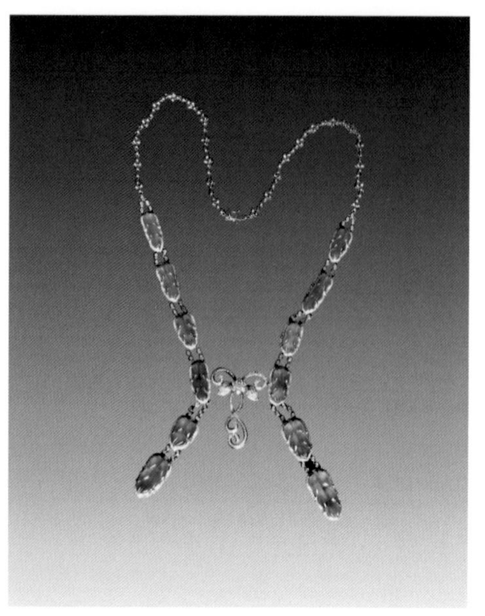

满色艳绿 K 金钻镶吊坠
许昌御翠坊提供
估价 580,000 元

艳绿 K 金钻镶项链
许昌御翠坊提供
估价 560,000 元

糯种阳绿翠镯
许昌御翠坊提供
估价 650,000 元

艳绿钻镶吊坠
许昌御翠坊提供
估价 560,000 元

冰种满色艳绿K金钻镶如意坠
许昌御翠坊提供
估价 550,000 元

玫瑰K金钻镶玻璃种吊坠
许昌御翠坊提供
估价 100,000 元

K金钻镶满色艳绿吊坠
许昌御翠坊提供
估价 520,000 元

无色高冰种弥勒佛挂件
许昌御翠坊提供
估价 48,000 元

玫瑰金钻镶玻璃种满色艳绿戒指
许昌御翠坊提供
估价 220,000 元

K 金钻镶满色阳绿戒指
许昌御翠坊提供
估价 260,000 元

K 金钻镶玻璃种阳绿马眼戒
许昌御翠坊提供
估价 650,000 元

玫瑰金钻镶紫罗兰马鞍戒指
许昌御翠坊提供
估价 180,000 元

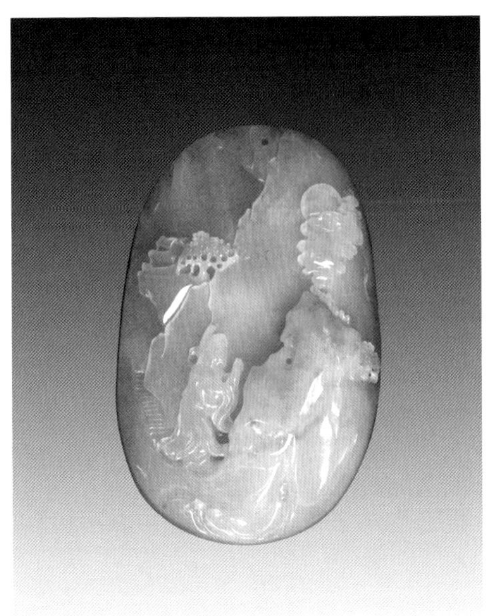

冰种带黄翡水帘拜石把件
许昌御翠坊提供
估价 98,000 元

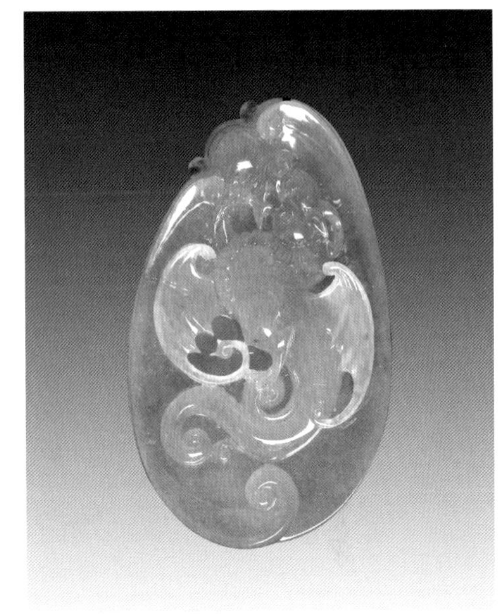

冰种飞龙在天
许昌御翠坊提供
估价 260,000 元

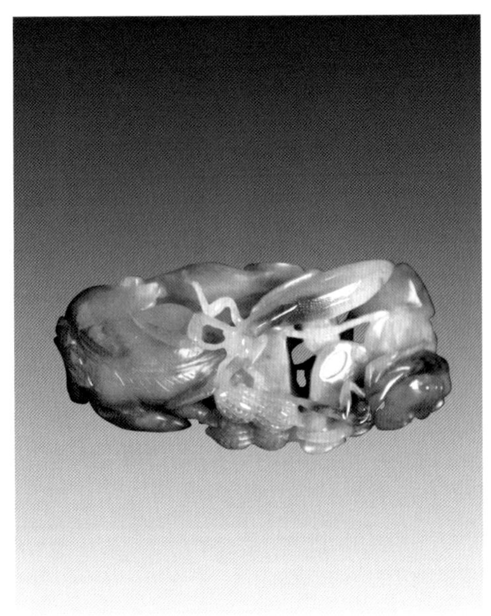

黄加绿把件堂堂正正
许昌御翠坊提供
估价 220,000 元

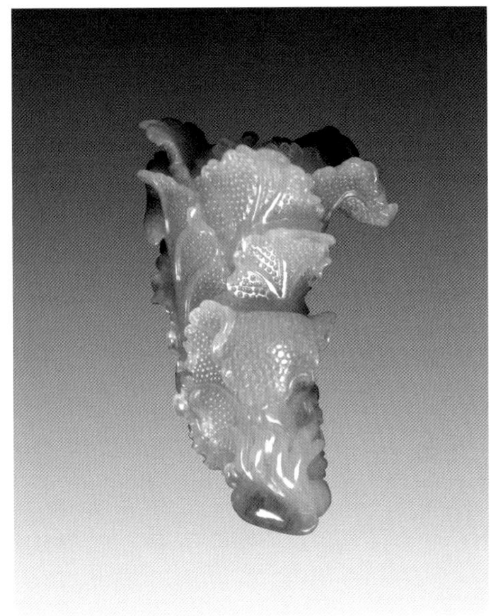

糯冰种百财摆件
许昌御翠坊提供
估价 90,000 元

玫瑰金钻镶玻璃种弥勒佛吊坠
许昌御翠坊提供
估价 250,000 元

满色手镯
漯河玉之林提供
估价 300,000 元

黄加绿大展宏图把件
漯河玉之林提供
估价 66,000 元

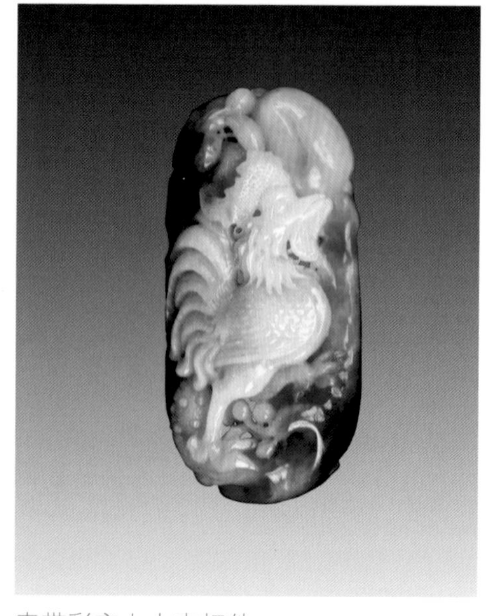

春带彩室上大吉把件
漯河玉之林提供
估价 56,000 元

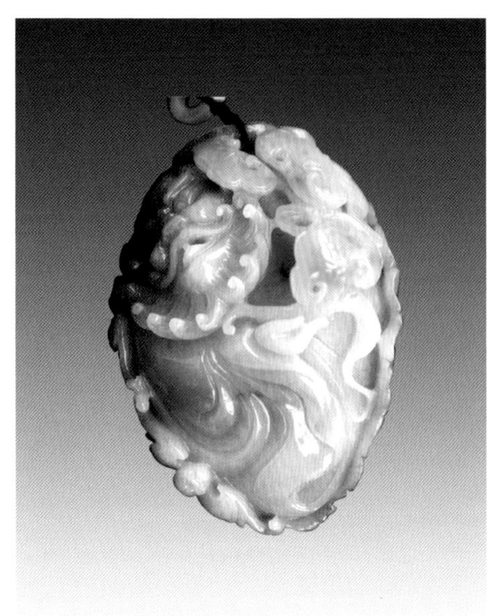

三色钟馗把件
漯河玉之林提供
估价 66,000 元

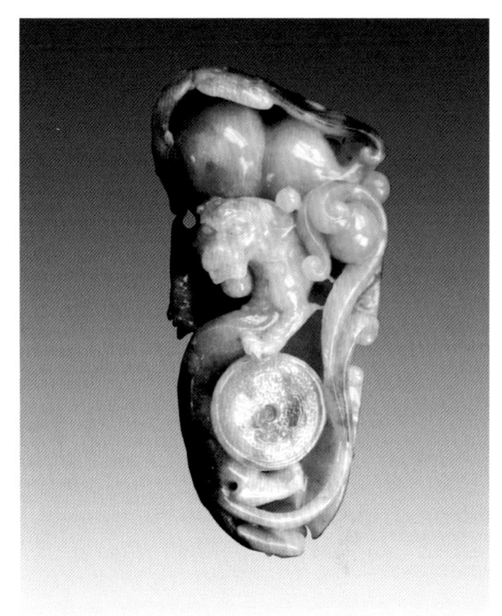

黄加绿生意兴隆把件
漯河玉之林提供
估价 36,000 元

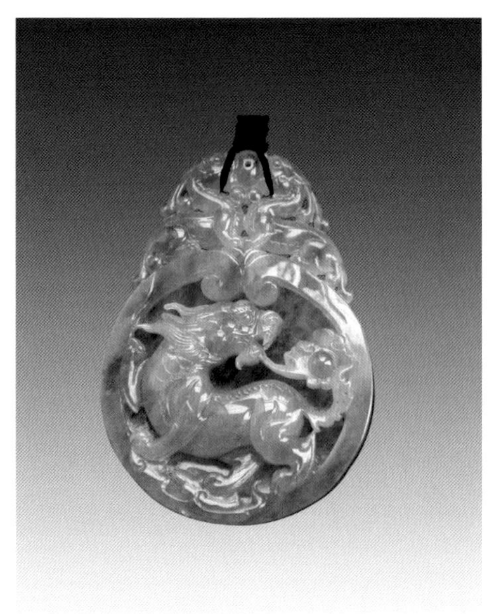

冰紫出廓璧貔貅把件
漯河玉之林提供
估价 120,000 元

黄加绿福禄寿挂件
漯河玉之林提供
估价 85,000 元

黄加绿生意兴隆把件
漯河玉之林提供
估价 50,000 元

满色菠菜绿事事如意牌子
漯河玉之林提供
估价 60,000 元

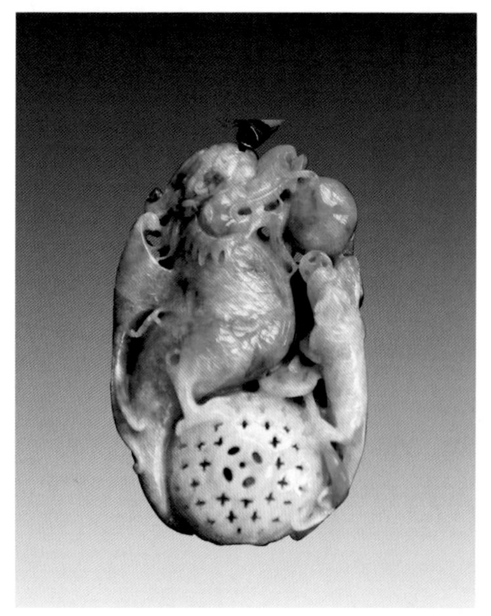

生意兴隆香囊把件
漯河玉之林提供
估价 76,000 元

生意兴隆三色把件
漯河玉之林提供
估价 86,000 元

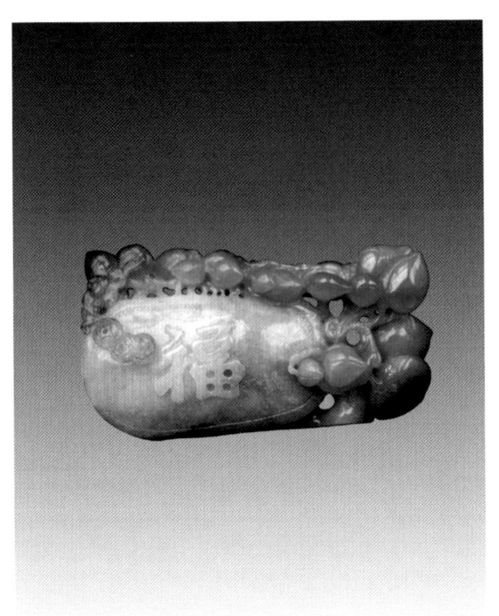

黄加绿把件福禄寿
漯河玉之林提供
估价 68,000 元

糯冰种浅黄翡宽条手镯
漯河玉之林提供
估价 120,000 元

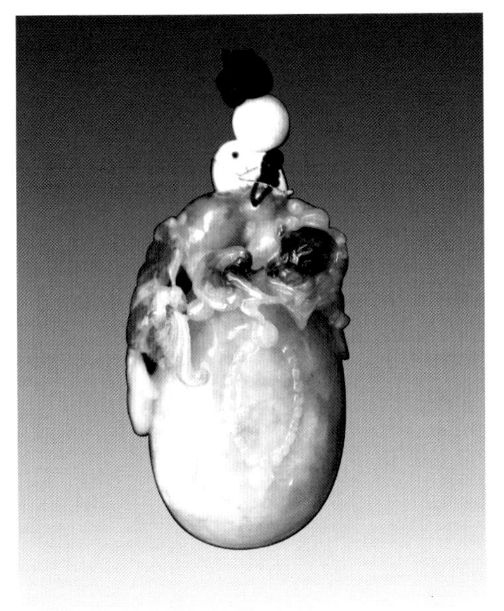

福禄寿三色把件
漯河玉之林提供
估价 60,000 元

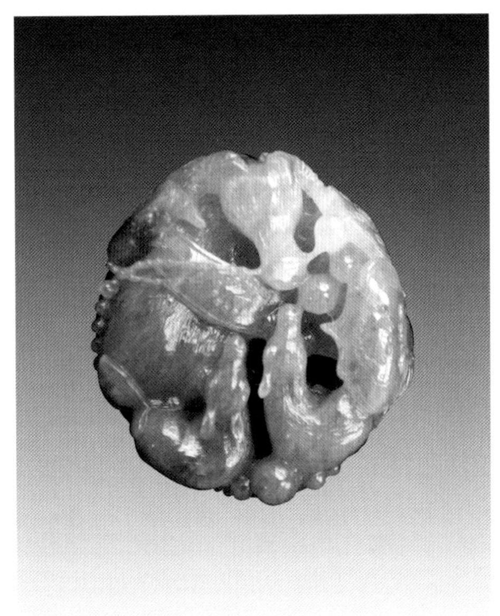

糯冰种把件三阳开泰
漯河玉之林提供
估价 86,000 元

K 金镶艳绿佛吊坠
漯河玉之林提供
估价 106,000 元

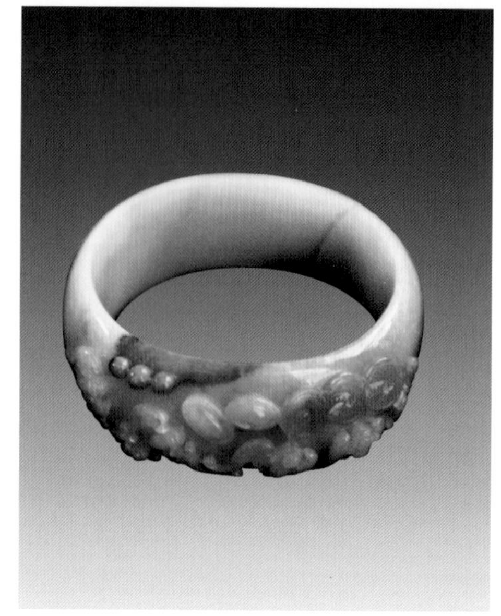

五福献寿三色手镯
漯河玉之林提供
估价 86,000 元

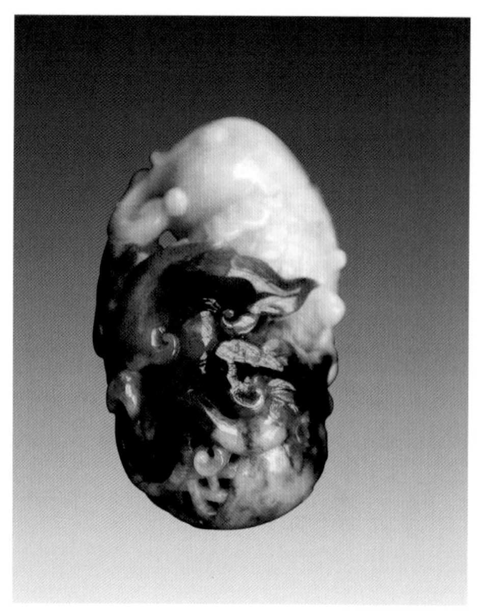

三色把件
漯河玉之林提供
估价 28,000 元

紫罗兰把件功名富贵
漯河玉之林提供
估价 56,000 元

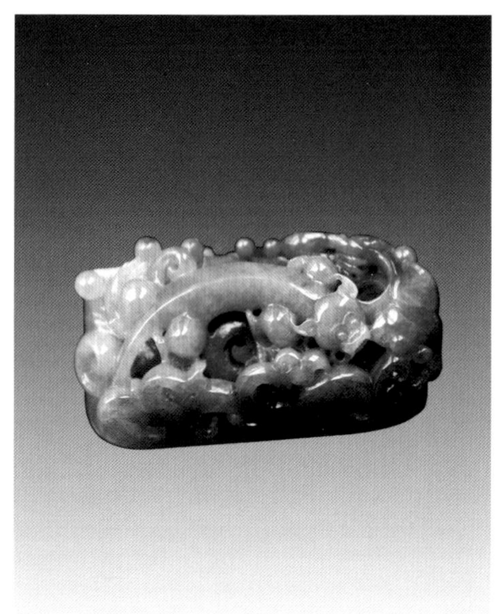

二色把件生意兴隆
漯河玉之林提供
估价 50,000 元

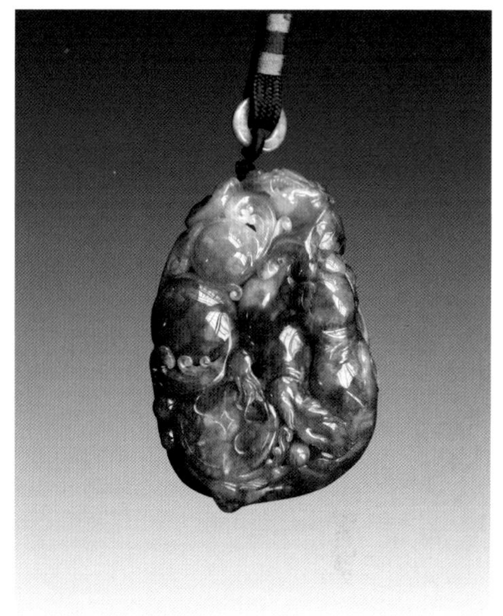

黄加绿把件福禄寿
漯河玉之林提供
估价 86,000 元

春带彩功名富贵挂件
漯河玉之林提供
估价 128,000 元

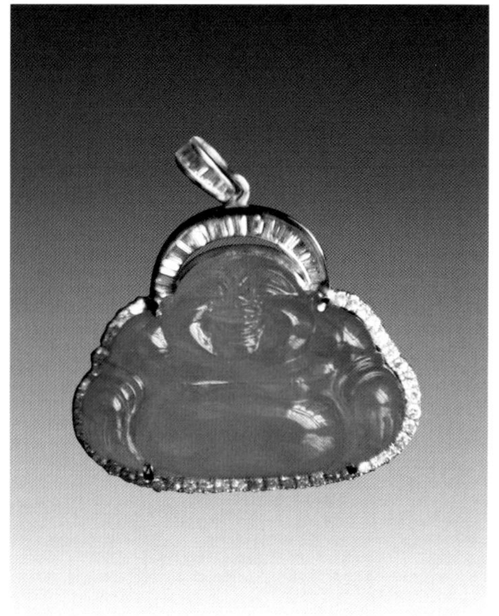

K 金镶满色绿佛吊坠
漯河玉之林提供
估价 150,000 元

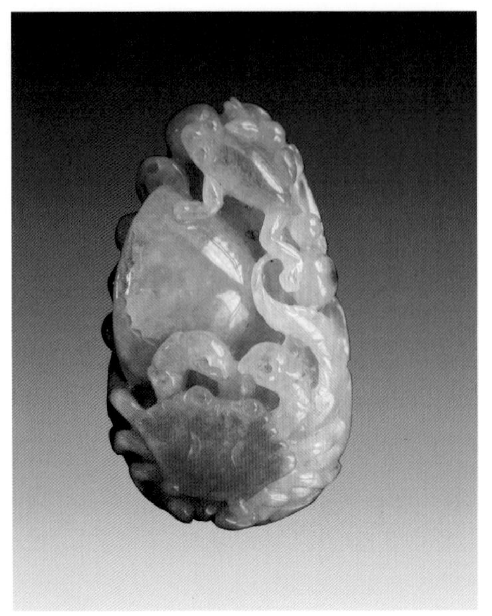

三色福禄寿挂件
漯河玉之林提供
估价 26,000 元

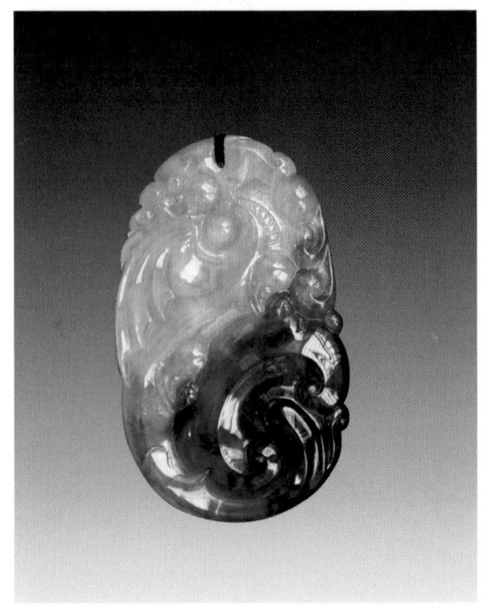

菠菜绿挂件
漯河玉之林提供
估价 120,000 元

俏雕摆件安居耋年
漯河玉之林提供
估价 80,000 元

俏雕摆件连年有余
漯河玉之林提供
估价 120,000 元

俏色把件海洋世界
漯河玉之林提供
估价 95,000 元

冰种紫罗兰带黄翡貔貅把件
南阳隆宝斋提供
估价 80,000 元

俏色把件节节高升
漯河玉之林提供
估价 120,000 元

k 金钻镶艳绿如意挂件
南阳艺苑阁提供
估价 210,000 元

冰油绿高浮雕螭龙把件
南阳艺苑阁提供
估价 38,000 元

冰飘蓝怀古挂件
南阳隆宝斋提供
估价 60,000 元

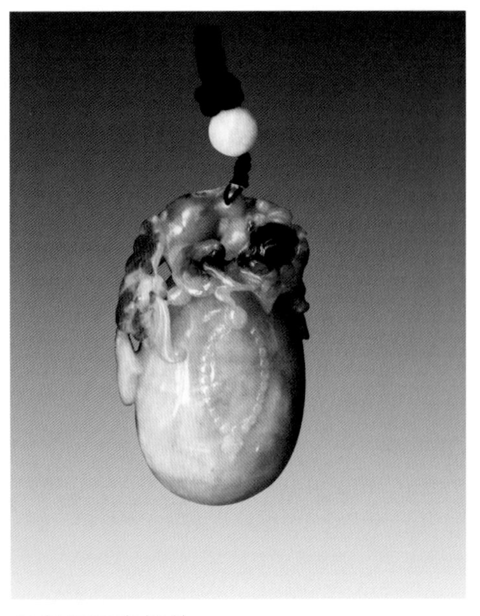

三色福禄寿把件
漯河玉之林提供
估价 30,000 元

冰种翠绿平安扣挂件
估价 120,000 元

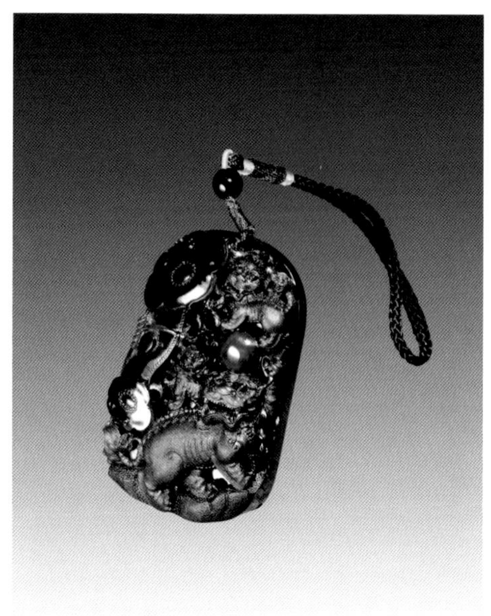

墨翠挂件钟馗捉鬼
估价 30,000 元

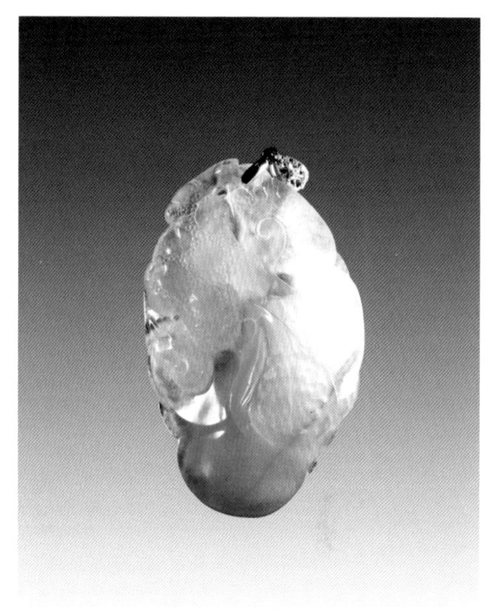

冰底翠丝种吊坠
估价 28,000 元

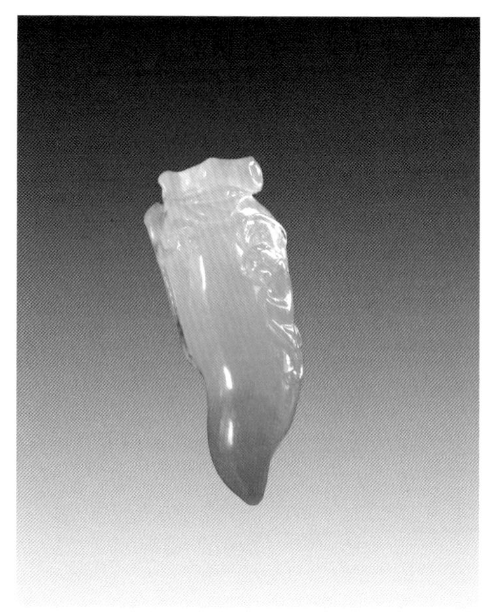

冰种随形瓜果坠
估价 35,000 元

钻镶满色翠绿葫芦坠
估价 42,000 元

K 金钻镶艳绿吊坠金枝玉叶
估价 110,000 元

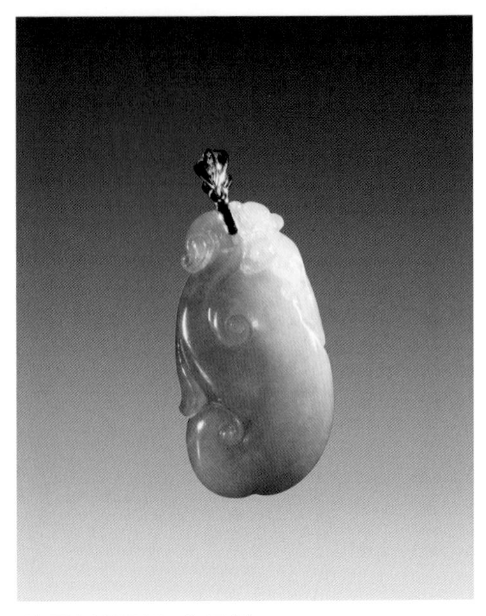

紫罗兰俏绿如意吊坠
估价 58,000 元

糯化种带艳绿手镯
估价 320,000 元

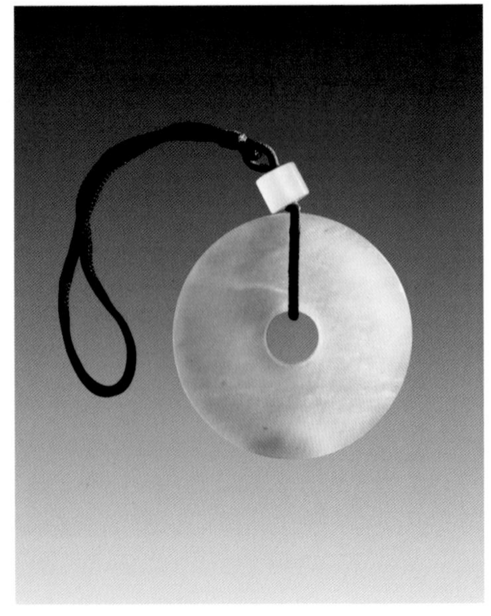

冰底淡紫怀古挂件
估价 70,000 元

K 金钻镶红翡弥勒佛吊坠
估价 65,000 元

冰种带翠金蟾挂件
估价 40,000 元

K 金钻镶阳绿怀古吊坠
漯河玉香居提供
估价 33,600 元

高冰种带翠观音挂件
估价 220,000 元

冰种带翠貔貅如意挂件
估价 120,000 元

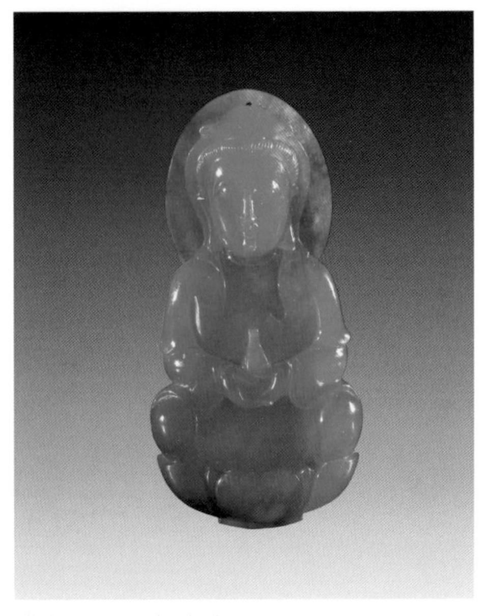
满色阳绿观音挂件
估价 380,000 元

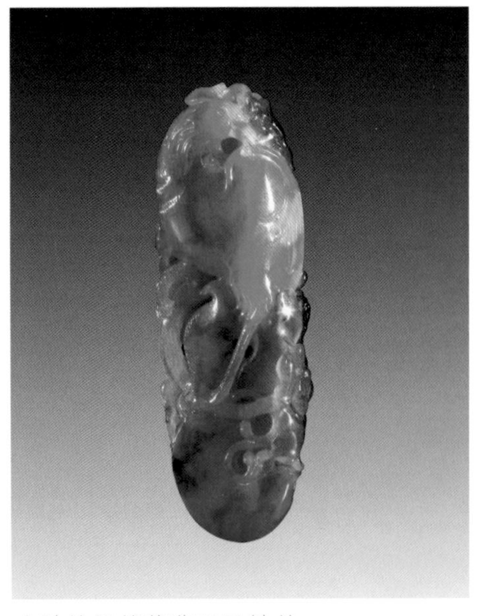
冰种艳绿俏黄翡凤凰挂件
估价 160,000 元

冰种满色苹果绿弥勒佛挂件
估价 350,000 元

满色祖母绿苍龙教子挂件
估价 420,000 元

满色冰种阳绿瓜瓞绵绵吊坠
估价 100,000 元

冰种满色艳绿如意挂件
估价 380,000 元

糯化种满色阳绿手镯
估价 450,000 元

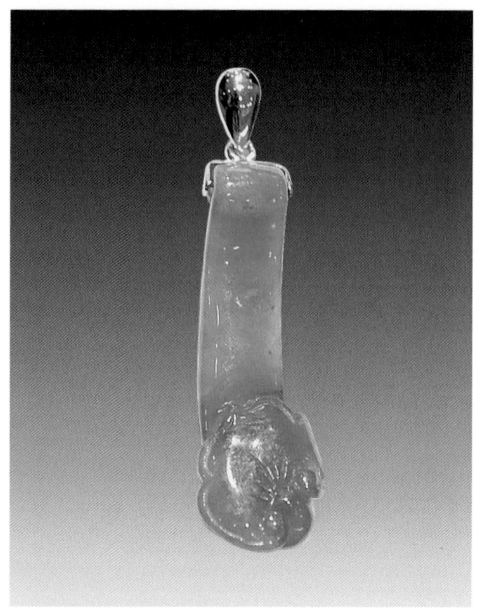

阳绿冰种如意吊坠
漯河玉香居提供
估价 12,800 元

阳绿如意挂件
漯河玉香居提供
估价 33,600 元

艳绿翡翠 K 金钻镶嵌红宝手镯
漯河玉香居提供
估价 58,800 元

K 金钻镶紫罗兰吊坠
漯河玉香居提供
估价 34,500 元

K 金镶糯化种浅菠菜绿吊坠
估价 30,000 元

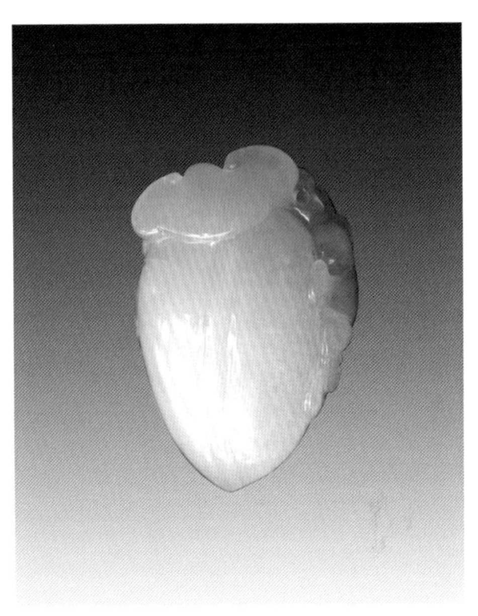

糯冰种春带彩福寿如意吊坠
估价 2,600 元

糯化种鼻烟壶形平平安安挂件
估价 3,000 元

K 金钻镶玻璃种弥勒佛吊坠
漯河玉香居提供
估价 69,800 元

艳绿翡翠珠链
漯河玉香居提供
估价 39,800 元

阳绿随形项链
漯河玉香居提供
估价 12,800 元

冰种油绿马鞍戒
漯河玉香居提供
估价 16,800 元

镂空雕俏色相思绵绵香囊把件
估价 8,600 元

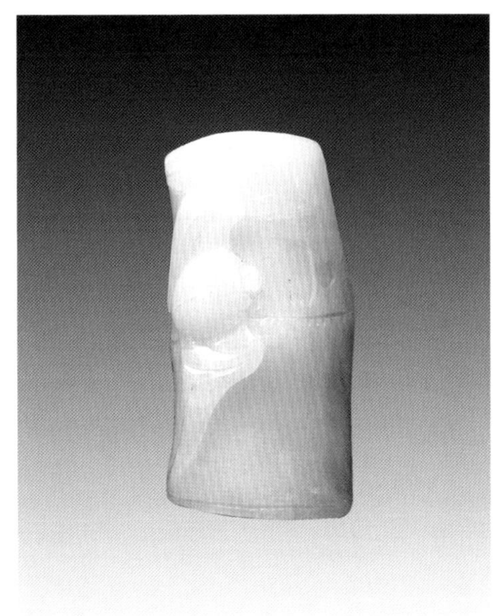

白底青竹节形祝福挂件
估价 1,200 元

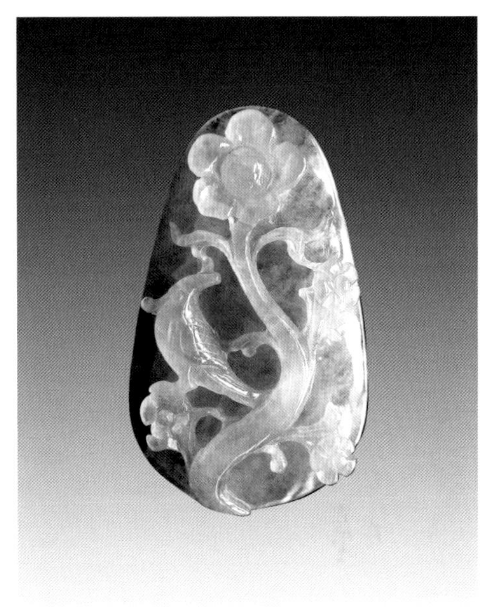

冰种淡紫色喜上眉梢挂件
估价 7,000 元

冰种油绿马鞍戒
漯河玉香居提供
估价 16,800 元

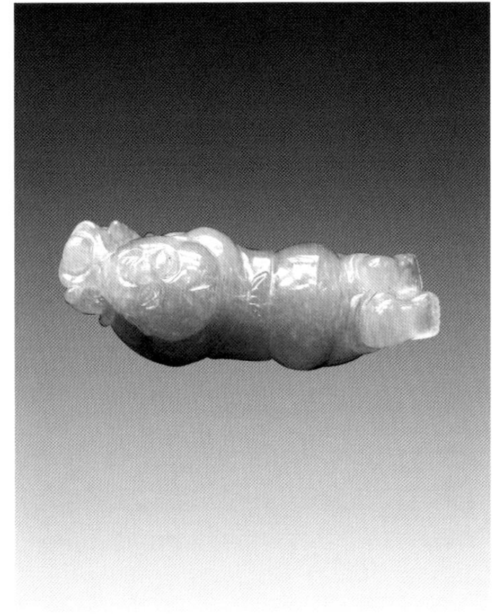

糯冰种淡油青童子挂件
估价 2,200 元

后记

推开书房的窗子，只见零零星星的雪花飘落下来，一种清爽轻松的感觉沁入身心。这是2012年初冬的第一场雪。一个年近花甲从没有用过电脑写作的人，用数月时间艰难地敲完了前面的文字，感觉如释重负，总算没有误了与出版社的约定。

幼年时，我便与翡翠结下缘分，那是受了母亲的恩泽。母亲出身于大户人家，十来岁时她双亲先后亡故。在我记事的时候，时常会看见母亲拿出一些绿莹莹、透闪闪的翡翠物件端详，那是姥姥姥爷的遗物。我小时候只知道母亲喜欢翡翠，懂事以后才明白那是睹物思人，想念她的父母。真正对翡翠有所了解，是在我10岁那年暑假，家里的住房漏雨，父亲单位的工作人员为修缮房子，把我家临时搬到单位的图书馆里。1964年那个暑假，大概是我今生读书最多的一段时间，就是在这个图书馆里，我有幸读到一本民国人写的关于翡翠的书，有了这方面的比较基础和系统的知识。但是从那以后，我再也没有见到过母亲的翡翠了，老人去世前也没有说过这些事。两年前春节全家聚会，妹妹告诉我，母亲说过，"四清"运动开始时，她把那些东西偷偷砸碎扔到下水道里了，因为怕连累从政的父亲。

由于上述缘故，本人自幼喜欢翡翠，有条件以后，开始了这方面的收藏和研究。近年来，这种爱好越来越多地被人了解，知名书画收藏鉴定专家于建华、上海学林出版社褚大为等一些热心的朋友积极建议我写一本这方面的书。今年国庆长假期间，北京春晓伟业图书发行有限公司万晓春董事长、王瑶副总经理专程千里驱车来漯，商定出书事宜。对中国传统文化深有研究的《漯河日报》现任总编辑甘德建博士，河南著名女诗人、中国作协会员吴小妮女士热情地为本书著文作序。漯河摄影家高书文及本人原来供职的《漯河日报》社同事，为我提供了多方面的帮助。本人谨向这些真诚的朋友们表示诚挚的谢意。本书撰写过程中，参考借鉴了许多前辈和先行者研究的成果，在此一并致谢。由于本人研究与实践的局限，书中的疏漏与谬误之处，敬请专家和读者指教。

王哲民

2012年初冬于沙澧之间